現代整数論の風景

素数からゼータ関数まで

落合 理
OCHIAI Tadashi

日本評論社

まえがき

　数学は，世の中の多くの人にとって近づきがたく得体のしれないものかもしれません．数学とは大学受験や学校での試験までの付き合いで縁が切れている人も多いでしょう．受験数学は 19 世紀以前の古典的な基礎数学で止まっている世界ですが，現代数学は今も活発に研究されダイナミックに変化し続けています．

　一方で，この本をわざわざ手にとっていただいた方は，おそらく普段から数学に親近感を持ってくださっている方かもしれませんし，数学の中でも整数論に格別の思い入れを持っていただいている方かもしれません．整数論は，古くは「数学の女王」とも呼ばれ，不思議な魅力を放ち続けている数学の分野です．それは，整数論の研究は歴史が長いことや，Fermat 予想の話，Riemann 予想などに関するドラマチックなエピソードに事欠かないからかもしれません．また，アマチュアでも意味のわかる問題から数学の中でも最も抽象的な問題まで間口の広い世界だからかもしれません．

　私自身，若い頃に数学に出会って以来，数学に情熱を注ぎ続けてきたので，実生活とかけ離れて感じられる現代の整数論の魅力を数学者以外の方に少しでも知って欲しいという気持ちを常に抱いています．また，大学を離れたところで人と知り合いになる機会があると「数学者？　どんなことを研究しているんですか？」「整数論って何を研究しているのですか？」と聞いていただけることもあります．ただ，そんなとき自分が向き合っている数学の研究をまっすぐに伝えられないジレンマに苛まれます．なぜなら数学は，どんな日常言語とも違う数学独特の言葉で書かれているからです．単に数式をたくさん使うということだけではなく，さまざまな深みを持つ多くの数学用語に支えられて記述され，その数学言語は 20 世紀にも大きく進化，発展し続けています．

　例えば，外国の言葉で書かれた小説や詩などの文学は，翻訳を通して理解

したり味わうことができます．数学以外の理系分野の研究結果は，比喩を交えつつ日常言語で十分伝えることができます．しかしながら，数学の研究を記述する厳密で堅牢な数学言語は，喩え話や日常言語での翻訳で伝えると，完全に別物になってしまいます．そのため，自分が向き合っている数学を伝えるためには，数学言語に習熟して原文で味わっていただく以外に手段がなさそうです．ところが，我々が使う数学言語を理解していただくには気の遠くなる訓練を要します．実を言うと，高度に発達した現代の数学においては，数学者同士ですら代数，解析，幾何という分野の違いがあると，お互いの研究を記述する言葉や概念の違いに阻まれて理解に苦労することもあります．

　高校生や社会人の方に向けて数学を発信していく機会もたまにありますが，上に述べたような困難に直面します．数学の世界は広いので，数学の言葉を使わずに語れる面白いトピックもたくさんあります．ただ，もし自分が日々情熱を注いでいる研究の世界の内容自体を語ろうとすると，言葉の説明の準備にあまりに時間がかかるので，はぐらかすかお茶を濁すような形でしか自分の研究を説明できず諦めたりします．

　かなり長い前置きになりましたが，今回の本では，そんなジレンマを少しでも晴らしたいと思いました．整数論の研究者が日々情熱を持っている「ゼータ関数」，「Langlands 対応」，「岩澤理論」とは何だろうか？　現代の整数論の研究では何に興味がありどこに向かおうとしているのか？　少しでも読者の方を我々が住んでいる本当の世界に連れ込んで同じ景色を見てもらいたいと思いました．また，無味乾燥に見える数学も過去のロマンのある研究から紆余曲折を経て生まれてきたことに思いを馳せてもらえるよう，歴史的な背景にも触れながら書いてみました．言い訳にはなりますが，そんな無理を背負って書いている本書は，教育的配慮を問われるとなかなか苦しいところもあります．最初の章では整数や素数という小学生に教える言葉を説明していたにも関わらず，その後急な坂道を登らされ，ときに大学数学レベルの言葉を付け焼き刃的に説明され無理があると感じられるかもしれません．この冒険的な試みが成功しているのか否かはわかりませんが，わからない言葉はときに受け入れつつリラックスして現代の整数論の世界をそのまま感じ取っていただけましたら幸いです．この本をきっかけに動機付けられ，さまざまな数学を学ぶ方が少しでも増えれば著者として望外の喜びです．

　最後になりましたが，本書は雑誌『数学セミナー』において 2016 年 4 月号

〜2017 年 3 月号に掲載された連載の書籍化です．連載の話をご提案いただいた『数学セミナー』編集部に感謝いたします．特に，入江孝成さんには，このような冒険的な試みにもかかわらず常に筆者の自由を尊重して暖かく見守っていただき，書籍化に至るまでお世話になりました．連載時に原稿を読んで意見をいただいた大阪大学の著者の研究室の関真一朗君と佐久川憲児君，ときどき意見をいただいた数学者仲間にもこの場を借りて再度感謝いたします．また，イラストを描いてくれた妻と見守ってくれた二人の娘に感謝します．

平成 31 年 1 月待兼山にて著者記す

目次

まえがき……i

第1章
広がっていく数の世界 (1) ……1

1.1 自然数から整数，整数から有理数へ広がる数の世界……1

1.2 「無限小近似」を求めて実数へとさらに広がっていく数の世界……5

1.3 実数の世界から振り返った有理数たちの見え方……7

1.4 有理数における他の無限小近似……9

第2章
広がっていく数の世界 (2) ……15

2.1 複素数の体系の出現と代数学の基本定理……15

2.2 方程式の根によって広がる数の世界……18

2.3 番号付けられる無限と番号付けられない無限……21

2.4 数の世界の広がりの地図……26

第3章
無理数を感じたい，超越数を見極めたい……29

3.1 無理性と超越性……29

3.2 無理性と有理数近似……31

3.3 実数を有理数で近似する方法……33

3.4 連分数から見た有理数と2次の代数的数……36

3.5 Hermite と Lindemann の方法……38

3.6 20世紀以降の超越数論の進歩……42

第**4**章

ゼータの登場（1）……45

4.1 素数再訪……45

4.2 ゼータ値の登場……49

4.3 ゼータ値の無理性と超越性……52

4.4 ゼータとは何者だろうか……56

第**5**章

ゼータの登場（2）……60

5.1 Euler 以後，Riemann 以前……60

5.2 複素関数の世界……65

5.3 素数の分布と素数定理……67

5.4 Riemann の原論文とゼータ関数……69

5.5 ゼータ関数と素数の分布……73

第**6**章

代数的整数論の源流を求めて（1）……75

6.1 整係数 2 元 2 次形式とは何か……75

6.2 整係数 2 元 2 次形式と表示問題……78

6.3 Fermat の最終定理……85

第**7**章

代数的整数論の源流を求めて（2）……91

7.1 Kummer と Dedekind……91

7.2 代数体，イデアル類群，単数群……96

7.3 2 次体と円分体……100

7.4 Gauss からの宿題 ?……102

第**8**章

整数論における局所と大域……106

8.1 合同類と剰余環……108

8.2 平方剰余の相互法則とその証明……112

8.3 円分体とそのガロワ群……116

8.4 p 進が拓く新しい数論の世界……119

第**9**章

ゼータの進化 (1) ……122

9.1 代数体と関数体の類似……122

9.2 合同ゼータ関数の定義と例……126

9.3 Weil 予想……132

第**10**章

ゼータの進化 (2) ……138

10.1 代数多様体から生じるゼータ……138

10.2 モジュラー形式……141

10.3 モジュラー形式から生じるゼータ……145

10.4 ロゼッタストーン……150

第**11**章

ゼータ関数の特殊値 (1) ……154

11.1 Riemann のゼータ関数や Dirichlet の L 関数の特殊値……154

11.2 解析的類数公式の登場……158

11.3 解析的類数公式の証明と応用……161

11.4 $s = 0, 1$ 以外の整数点での値とその意味……166

第**12**章
ゼータ関数の特殊値 (2) ……170

12.1 臨界点の世界と非臨界点の世界……170

12.2 楕円曲線の L 関数とその特殊値……174

12.3 周期数の世界……178

12.4 周期とゼータ関数の特殊値とのつながり……180

12.5 最後に……183

Appendix
巻末補遺……185

A.1 第 1.3 節……185

A.2 第 3.3 節……186

A.3 第 5.2.3 節……186

A.4 第 8.3 節……187

参考文献一覧……190

索引……192

vii

第1章
広がっていく数の世界（1）

　筆者は大学に身を置きながら「整数論」という数学の分野を研究している．筆者は数について広く深い含蓄や歴史認識を持っているわけでもなく，また自然科学や経済現象に応用する立場からの数の取り扱いを論じる能力もない．というわけで，本書ではそういうことは考えずに，むしろ数の世界をリラックスして一緒に散歩しながら，時折寄り道もして現代の数論研究の動きや問題意識にも気まぐれに触れるくらいの立ち位置で進んでいきたい．数やそれを取り巻く理論がどんなふうに役立つかは語れないが，我々が面白いと思っている数学的事象に関する私的な興奮，我々が数学において大切にしたいと思う価値観などを，ささやかに共有したいのである．

　一方で，特に数論の中心的なテーマの一つであるさまざまなゼータ函数やその特殊値を取り巻く風景がある．行き先を定めない散歩として出発しつつも，少しずつそういう風景を紹介していきたい．現代の整数論では幾何的な視点や手法が大事である．代数と幾何と解析が交わった世界でゼータを中心に研究が展開し，数の世界の新しい現象やより深い根本原理を求める魅惑的な数論幾何学の研究が今も日々発展している．気軽な散歩に連れ出す約束が，ときに一緒に断崖絶壁をよじ登らせてしまうようなこともあるかもしれないが身近な数の世界から最先端の整数論研究までを渡り歩いてみたい．

1.1◉自然数から整数，整数から有理数へ 広がる数の世界

　さて，整数論の分野の研究内容を尋ねられると，筆者はいつも説明に窮するだけで，気の利いた説明ができる術もない．筆者自身の専門が数論幾何学という数論の中でも具体的な数と最も離れた抽象的な分野であるせいかもし

れない.

　まず, 自然数たちのなす集合 $\mathbb{N} = \{1, 2, 3, \cdots\}$ に 0 や負の数を付け加えた整数たちのなす集合 $\mathbb{Z}$ を考えよう.

$$\mathbb{Z} = \{\cdots, -3, -2, -1, 0, 1, 2, 3, \cdots\}$$

は無限個の元(要素)からなる集合である. そして, $\mathbb{Z}$ の中の「数」同士を足し合わせたり掛け合わせたりすることができる. もう少し数学的な言い方をすると, $\mathbb{Z}$ には「加法(足し算)」や「乗法(掛け算)」が定まっている. $\mathbb{Z}$ の中で加法や乗法を組み合わせながら, いろんな命題や問題を考えることが最も素朴な意味での初等整数論であろう.

　例えば, 自分より真に小さい二つの自然数の積で表せない 2 以上の自然数を素数と呼ぶ. 素数は物質における原子のように, 整数の世界の基本構成要素となる大事な数たちである. エジプトあるいはさらにバビロニアまで遡るかなり早い時代の文明において, 素数は既に認識されていたようである[1]. また, 人類史上最も有名で影響を与えた数学書の一つである紀元前 300 年頃のギリシャで書かれた Euclid の『原論』の第 9 巻には, 既に素数が無限にあることの証明が記されている.

　Euclid の明晰かつ豊饒な証明を思い出してみよう. 異なる素数 $p_1, \cdots, p_n$ を与える. それらをすべて掛け合わせて 1 を加えた数 $N = p_1 p_2 \cdots p_n + 1$ はそれら $p_1, \cdots, p_n$ のどの素数でも割り切れない. N を割り切る素数 p を勝手にとると, p は $p_1, \cdots, p_n$ のどの素数とも異なる $n+1$ 番目の素数を与える. このようにして有限個の素数 $p_1, \cdots, p_n$ が与えられると常にそれらのどれとも異なる新しい素数がみつけられるので素数は無限個なければならない[2].

　一方で, 例えば $q - p = 2$ となる二つの素数 p, q の組を双子素数[3]と呼ぶとき, 「双子素数が無限個あるか」という問題は古典的で, 文献上でも既に 19 世紀の半ばの Polignac の論文などにも確認されるが, 2016 年現在でも未解決問題である. ただ, 「$q - p$ が定めた自然数 H 以下の素数 p, q の組が無限個あるか」という少し弱めた問題[4]に関してはごく最近も大きな動きがあった.

---

　1) 例えば中村滋著, 『数学史の小窓』(日本評論社)を参照のこと.
　2) 素数の無限性には別証明がたくさんある. 例えば Aigner と Ziegler の『天書の証明』(邦訳, 丸善出版)を参照のこと.
　3) 例えば, (p, q) としては小さいものから $(3, 5), (5, 7), (11, 13), (17, 19), (29, 31), \cdots$ と続いていく.
　4) $H = 2$ のときが双子素数の問題である.

2013 年に Yitang Zhang が $q-p \leqq 70000000$ なる素数 p, q の組が無限個ある
というセンセーショナルな結果を得た後，別の手法を用いた James May-
nard によって，$q-p \leqq 600$ へと結果が改良された．その後 2, 3 年の間に
2006 年のフィールズ賞受賞者 Terence Tao らによって polymath project[5]の
一つにおいて急速に結果が改良され，2015 年には $q-p \leqq 246$ なる素数 p, q
の組が無限個あることが示された．人類は 2000 年以上もかけて今も少しず
つ素数に関する理解を深め続けている．ほかにも，Goldbach 予想，$3n+1$ 予
想をはじめとして，意味は小学生でもわかる自然な主張で，またコンピュー
タで実験すると正しそうな予想にもかかわらず，現代数学を駆使しても解決
しない素朴な数論の予想がたくさんある．

　現代数学の問題は，しばしば数学者以外の人にはまったく理解できない理
論や日常言語と異なる言葉が何層にも積み重った土台の上に書かれている．
なので，誰にでも「意味」が簡単にわかる問題を「素朴」と形容した．しか
しながら，数学においてはそういった素朴な問題が簡単であるとは限らない
のである．かと思うと，Fermat の最終定理が 20 世紀末に数論幾何学のハイ
テクの結集として Wiles により解決したようなドラマも起こるので，この世
界もなかなか面白い（Fermat 予想とその解決までの顛末については [1] を参
照のこと）．

　時間を巻き戻すと，Euclid からもう少し時代を下る紀元 3 世紀頃のアレク
サンドリアで精力的に数論を研究した Diophantus も，著書『算術（Arith-
metica）』が Fermat など後世の人々に影響を与えた特筆すべき存在であろ
う．『算術』に記された多くの問題は，現代の言葉で言うと[6]，例えば，与え
られた整数定数 A, B による「$x+y = A$ かつ $x^2+y^2 = B$」「$x+y = A$ かつ
$x^3+y^3 = B$」などの多元連立不定方程式に対して，有理数解が存在するため
の A, B の条件やそのときの有理数解 x, y を求めるといった類の問題を論じ
ている．大抵は 2 元 3 次以下の連立方程式を論じていたが，特別な状況でも
う少し高次の方程式も考えていたようである．また，彼の墓碑に書かれてい

---

5) polymath project は，フィールズ賞受賞者 Timothy Gowers の提唱による多人数参加型研究シ
　 ステムである．近未来の数学研究形態の行方を考える物差しの一つとしても興味深い動きであ
　 る．
6) 変数記号や指数を使う代数方程式の便利な記法は，17 世紀頃にやっと確立され，その後徐々に
　 定着してきたものと思われる．もちろん，それ以前は各数学者の工夫した言葉遣いで表現して
　 いる．

た

　　　神は Diophantus の生涯の 6 分の 1 を少年とし，その頬にひげが生
　　えるまでにその後 12 分の 1 を足した．神はその後 7 分の 1 経ってか
　　ら Diophantus に結婚の灯をともし，結婚後 5 年して彼に息子を与え
　　た．おお，哀れな子供よ，この子の父の生涯の半分の長さに達したと
　　き，冷え冷えとした運命がこの子を捕らえた．Diophantus は 4 年間
　　この数の学問によって悲しみを慰めてのち，生涯を終えた．

というくだりの彼の没年齢 x を問う数学の問題はよく知られている[7]．x は
12 や 7 の倍数のはずなので簡単に察しがつくが，1 次方程式を解いて x を求
めることができる．

　人は遥か昔から即時的な応用から離れて，数の世界で遊んできたのであろ
う．一方で，問題を解くには数の世界を徐々に広げていくことが大事であっ
た．例えば，$\mathbb{N}$ においては加法の逆演算は必ずしも考えられない．例えば，5
を加えると 3 になるような数は $\mathbb{N}$ には存在しないのである．「負の数」を許
した $\mathbb{Z}$ においては加法の逆演算の減法がある．また，$\mathbb{Z}$ においては乗法の逆
演算は一般には考えられない．例えば，5 を掛けると 3 になるような「数」は
$\mathbb{Z}$ には存在しないのである．我々は，「分数」を許した有理数の集合 $\mathbb{Q}$ を

$$\mathbb{Q} = \left\{ \frac{b}{a} \,\middle|\, a, b \text{ はともに整数で } a \neq 0 \right\}$$

として数の世界を自然に広げてきた．人類文明がいつ「整数」から「有理数」
へ数を広げたかは言い難い問題である．「比」と思うと，それは既に Euclid
の『原論』の理論の中心であった．「分数」と思うと，古代から既にちらほら
と計算に現れていたが，整数の拡張としての分数の理論化は 19 世紀を待た
ねばならなかった．割り切れない数のことだけに割り切れない問題である．

---

7) 紀元後 500 年頃出版の『ギリシャ詞華集』所収のこの美しい墓碑文や Diophantus の『算術』の
　研究内容の詳細については，例えば『カッツ 数学の歴史』(邦訳，共立出版)などを参照のこと．

1.2 ●「無限小近似」を求めて実数へと さらに広がっていく数の世界

　少し寄り道をしたが，加法や乗法の演算の逆操作(引き算や割り算)が自然に定まるように数の世界を広げてきたことを前節で振り返った．本当は，自然数や整数は既にそれなりの抽象概念である．しかしながら，周りの子供たちを見ていても，自然に整数とその演算を獲得していくようである．どれ一つとして同じクッキーはないからと，「クッキーが10個」の意味に悩んだり，整数を受け入れられない子供はあまり見かけない．

　分数に関しても，和や積の演算はともかくとして数としての分数を受け入れることに大きな抵抗はないように見受けられる．

　一方で，有理数から実数へと数の世界をもう一段広げることは，今までより大きなエネルギーを要する高度な思考であり，一筋縄ではいかない．今，nを整数，$n_1, \cdots, n_k$をそれぞれ0以上9以下の整数としたとき，

$$n + \frac{n_1}{10} + \frac{n_2}{10^2} + \cdots + \frac{n_k}{10^k}$$

という形の有理数を $n.n_1 n_2 \cdots n_k$ という具合に小数点以下 k 位まで小数展開

表示する．有理数 $\mathbb{Q}$ には自然に大小関係があり，$\dfrac{b}{a}$ という形の有理数が勝手に与えられたとき，$|a| < 10^k$ となる十分大きな k をとると，$m_1 = n_1, \cdots,$ $m_{k-1} = n_{k-1}$ かつ $m_k + 1 = n_k$ なる $0 \le m_i, n_i \le 9$ をみたす整数 m_i, n_i たちが存在して，

$$m.m_1 m_2 \cdots m_k \le \frac{b}{a} \le n.n_1 n_2 \cdots n_k$$

と挟むような小数点以下 k 位までの小数展開がある．これはある意味で有理数を近似しており，k を大きくしていけばいくほどより正確な近似となる．かくして，有理数に無限小数展開を対応させることができる．例えば，

$$1.3999999\cdots = 1.4000000\cdots$$

という具合にどこからか先で 9 が無限に続く場合の「繰り上げ」の同一視を行う約束にしておけば，有理数 $\dfrac{n}{m}$ と $\dfrac{n'}{m'}$ が数として等しいならば同じ無限小数展開を持つ．さて，必ずしも有理数の小数展開とは限らない勝手な無限小数展開をすべて考えることで，実数の集合 $\mathbb{R}$ を

$$\mathbb{R} = \{n.n_1 n_2 \cdots n_k \cdots \,|\, n \text{ は整数，} n_1, \cdots, n_k, \cdots \text{ は } 0 \text{ 以上 } 9 \text{ 以下の整数}\}$$

と定める．また，0 が無限に続くときは，$1.4000000\cdots$ を 1.4 と記すように，0 の部分を省く習わしである．無限小数展開で与えられるこのような数は，厳密に定義することができ，加減乗除が定まることも確かめられる[8]．これ以上立ち入っては説明しない．実際，厳密な定義や性質などの実数の説明に関しては数多くの名著がある．例えば，古典的名著[2] は，今の時代にはあまり見かけられない歯ごたえのある本であり，活力にあふれた本である．

　実は，$\mathbb{R}$ は $\mathbb{Q}$ より真に大きい．言い換えると，無限小数展開で与えられる実数のうちで有理数ではないものがある．実数の中から 2 の平方根

$$\sqrt{2} = 1.41421356\cdots$$

を考える．$\sqrt{2}$ が有理数でないことを背理法で示すために，$\sqrt{2} = \dfrac{b}{a}$ と有理数に表示する．約分して，a と b は互いに素であるとしておく．両辺を 2 乗して変形することで，$2a^2 = b^2$ という式が得られる．左辺は偶数であり，奇数の平方は奇数なので b は偶数でなければならない．そうすると，$b = 2c$ となる自然数 c によって $a^2 = 2c^2$ と書ける．同様にして，a も偶数でなければ

---

8) 実数の「構成」には，「Dedekind の切断の方法」，「Cauchy 列の方法」，「区間縮小の方法」などの見かけ上異なるさまざまな方法がある．見かけ上異なるが，すべて同値な構成である．

ならないので，a と b が互いに素であったことに矛盾する．かくして，$\sqrt{2}$ は有理数でない[9]．

辺の長さが 1 の正方形の対角線に現れる $\sqrt{2}$ のような数が有理数でない事実は，古代ギリシャのピタゴラス学派の人々にとっても大変重大な意味を持つ事実であったようである．$\mathbb{Q}$ と $\mathbb{R}$ はどれくらいかけ離れているのかという問題も大事である．またのちに論じたい．

1.3 ● 実数の世界から振り返った 有理数たちの見え方

しばしば，数学の理解や研究において広がった後の世界からもとの狭い世界を記述して「特徴付ける」ことは大事であり，我々の理解を深めてくれる．次の定理は $\mathbb{Q}$ を $\mathbb{R}$ の中で特徴付けてくれる．

定理 1.1

$x \in \mathbb{R}$ が有理数であるための必要十分条件は無限小数展開が途中から循環することである．

いったん証明すると当たり前に見えるかもしれないが，筆者自身は，初めてこの結果を知ったときは面白く感じた記憶がある．ここでは証明しないが，考えたことがない読者は必要性と十分性の証明を試みられたい．

証明をする代わりに，例で確認しておく．例えば

$$\frac{2}{5} = 0.4 = 0.4000000\cdots$$

は途中から 0 が循環していると思うことにする．

$$\frac{211}{700} = 0.30\underline{142857}142857142857\cdots$$

というように，下線で記した部分の [142857] というサイクルが途中から無限に繰り返される．

---

[9]「素因数分解の一意性定理」を用いると，a が平方数でない勝手な整数ならば $\sqrt{a}$ も有理数でないことが似た議論で示される．

Carl Friedrich Gauss
(1777-1855)

　数学史読み物の大古典である高木貞治の『近世数学史談』([3])の8節によれば，かの大数学者Gaussは，幼少時から素数pの逆数$\frac{1}{p}$の計算を行いその小数展開の数表を蓄積していたとのこと，また生涯を通じてより大きな素数で$\frac{1}{p}$を計算してその数表を増やしていたとのことである[10]．高木[3]は，Gaussはこのような計算も単に機械的にするのでなく整数論的な考察を応用して工夫しており，彼の数学理論の発見もそうやって養われた計算力や数に関する鋭い感覚に基づいていると論じている．現代は，キーボードを叩けばコンピュータが一瞬で小数展開をはじきだしてくれる時代である．それでも簡単な逆数の計算を手計算の超スローペースで味わい観察するのも楽しいのではないだろうか．素数pを決めて$\frac{1}{p}$の計算に没頭すれば，スマホがなくても時間を潰せるかもしれないし，夫婦喧嘩や仕事のいざこざを忘れて気を鎮めたり，ボケ防止に有効かもしれない．

　この節の最後に，読者自身で実験や証明を試みたり文献で調べられそうな有理数$\frac{b}{a}$の無限小数展開についてのよく知られた事実を幾つか確認したり紹介したい．

(1)　分母のaを割り切る素数が2と5以外にないとき，またそのときに限って小数展開が途中で止まる．

(2)　循環の最小の並びをサイクルと呼ぶとき，$\frac{b}{a}$のサイクルの長さは$|a|$より小さい[11]．

(3)　2,5以外の素数pに対してその逆数$\frac{1}{p}$は000…以外の循環サイクルを持ち，そのサイクルの長さnは，$10^n \equiv 1 \bmod p$なる

---

10) 勝手な有理数$\frac{b}{a}$は整数たちと素数の逆数$\frac{1}{p}$たちの足し算や掛け算で計算されるので，素数pの逆数$\frac{1}{p}$の小数展開を知っていることが有理数$\frac{b}{a}$の小数展開の基本となる．

11) 例えば，$\frac{1}{7}$のサイクルは[142857]でありその長さは6である．

最小の自然数 n に等しい[12].

（4） 素数 p の逆数 $\dfrac{1}{p}$ のサイクルの長さ n は $p-1$ の約数である[13].

また，素数 p での $\dfrac{1}{p}$ の小数展開に関して，サイクルの長さをはじめとした具体的な問題を考えるとき，我々はすでに初等整数論の入口に立っているのである．

無限小数展開の観点以外の有理数の特徴付けなども先の章で考察していきたい．

1.4● 有理数における他の無限小近似

$\mathbb{Q} \subset \mathbb{R}$ という具合に数の世界が広がることを紹介した．実は素数 p があるごとに実数の世界で考えた距離とは違う距離の概念があり，違う距離を使うと $\mathbb{Q}$ が異なる「数の体系」に埋め込まれることを紹介する．

定義 1.1

$\mathbb{Q}$ における絶対値 $|\ |$ とは，$\mathbb{Q}$ の勝手な元 x に実数 $|x| \geqq 0$ を与える対応で，勝手な $x, y \in \mathbb{Q}$ に対して次の条件をみたすものをいう．

（ i ） $x = 0$ のとき，またそのときに限って $|x| = 0$.

（ ii ） $|xy| = |x| \cdot |y|$.

（iii） $|x+y| \leqq |x| + |y|$.

普通の絶対値

$$|x|_\infty = \begin{cases} x & x \geqq 0 \\ -x & x < 0 \end{cases}$$

以外に絶対値があるだろうか？　まず，勝手な 0 でない有理数 x に対して

---

12) a, b を整数，N を自然数とするとき，$a-b$ が N で割り切れることを数学記号で「$a \equiv b \bmod N$」と記し，「a と b は N を法として合同」と言う．例えば，$10^6 \equiv 1 \bmod 7$ となるのが最初であり，これは上で見た $\dfrac{1}{7}$ のサイクルの長さが 6 である事実に適合する．

13) （3）の事実と初等整数論における「Fermat の小定理：p が素数，a は p と素な整数とすると，$a^{p-1} \equiv 1 \bmod p$ である」を $a = 10$ で適用することでわかる．

$|x|=1$ と定めると，これは絶対値の条件のすべてをみたす．ただ，あまり面白い絶対値でないので自明な絶対値と呼ばれる．p を素数とするとき，0 でない有理数 x に対して，$x=p^n\dfrac{d}{c}$（n は整数，c, d はともに p と素な整数）という表示によって，$|x|_p=\dfrac{1}{p^n}$ と定めると，$|\ |_p$ は絶対値の条件のすべてをみたす[14]．これを p 進絶対値と呼ぶ．

絶対値 $|\ |$ があると「距離」が考えられる．普通の絶対値 $|\ |_\infty$ に関する「距離」で無限小近似を考えると実数が得られたことを思い出しておく．二つの絶対値が同じ「距離」を定めるならば，同じであると思うことにしたい．これも数学的な言い方で定義しておく．

定義 1.2

$\mathbb{Q}$ 上の絶対値 $|\ |, |\ |'$ を考える．勝手な有理数 x, y に対して，$|x| < |y|$ と $|x|' < |y|'$ が同値になるとき，$|\ |$ と $|\ |'$ は同値であるという．

例えば，$p=5$ において，$x=\dfrac{2}{5}$，$y=\dfrac{50}{3}$ とすると，$|x|_5=5$，$|y|_5=\dfrac{1}{25}$ なので $|x|_5 > |y|_5$ となる．同じ x, y に対して $|x|_\infty < |y|_\infty$ であるから 5 進絶対値 $|\ |_5$ と普通の絶対値 $|\ |_\infty$ は同値でない．普通の絶対値ではなく，素数 p での p 進絶対値 $|\ |_p$ を考えたとき，$\mathbb{Q}$ においては p でたくさん割れる数がより 0 に近い数なのである．

さて，a を自然数とする．a_0 を a を p で割った余りとすると，$a-a_0$ は p で割り切れる．$\dfrac{a-a_0}{p}$ を p で割った余りを a_1 とする．
$$a-(a_0+a_1 p+a_2 p^2+\cdots+a_{i-1} p^{i-1})$$
が p^i で割り切れるように $a_0, \cdots, a_{i-1}$ が取れたとする．

$$\frac{a-(a_0+a_1 p+a_2 p^2+\cdots+a_{i-1} p^{i-1})}{p^i}$$

を p で割った余りを a_i とおくことで次の a_i が求まる．$a < p^{k+1}$ なる自然数 k をとると，このようにして $0 \le a_i \le p-1$ なる整数 $a_0, a_1, a_2, \cdots, a_k$ が存在して，

$$a=a_0+a_1 p+a_2 p^2+\cdots+a_k p^k$$

---

[14]「三角不等式」とよばれる条件(iii)が少し当たり前でないかもしれないがとても大事である．ふつうの $\mathbb{R}$ の絶対値に対して成り立つことを確かめてみよう．

と表せる. l を $a_l \neq 0$ なる最初の非負整数とする. このとき, $i > k$ では $a_i = 0$ であると解釈して

$$b_i = \begin{cases} 0 & i < l \\ p - a_l & i = l \\ p - a_i - 1 & i > l \end{cases}$$

と定めると,

$$\left| (b_0 + b_1 p + b_2 p^2 + \cdots + b_i p^i) - (-a) \right|_p < \frac{1}{p^i}$$

となる. i を無限に大きくすることで

$$-a = b_0 + b_1 p + b_2 p^2 + \cdots + b_k p^k + \cdots$$

と p 進絶対値に関する $-a$ の無限 p 進展開が得られる. 今, a_l は p と素であるから, Euclid の互除法を使うと, $1 \leqq c_{-l} \leqq p-1$ かつ $a_l c_{-l} \equiv 1 \bmod p$ となる自然数 c_{-l} がただ一つ存在することがわかる. 以下, c_{-l+1} から先の c_i を帰納的に作っていく.

$$\left| (c_{-l} p^{-l} + c_{-l+1} p^{-l+1} + \cdots + c_{i-1} p^{i-1}) - \frac{1}{a} \right|_p < \frac{1}{p^{i-1}}$$

なる $c_{-l}, c_{-l+1}, \cdots, c_{i-1}$ が $i-1$ まで順次うまくとれたとする. このとき,

$$1 - a(c_{-l} p^{-l} + c_{-l+1} p^{-l+1} + \cdots + c_{i-1} p^{i-1})$$

は p^{i-l} で割り切れるので,

$$a c_i \equiv \frac{1 - a(c_{-l} p^{-l} + c_{-l+1} p^{-l+1} + \cdots + c_{i-1} p^{i-1})}{p^{i-1}} \quad \bmod p$$

かつ $1 \leqq c_i \leqq p-1$ なる c_i がただ一つ取れる. かくして, 次の項 c_i までをとると, $\frac{1}{a}$ のより良い近似が得られた. これを続けて

$$\frac{1}{a} = c_0 + c_1 p + c_2 p^2 + \cdots + c_k p^k + \cdots$$

と逆数 $\frac{1}{a}$ の無限 p 進展開が得られる. 自然数 a, その -1 倍である $-a$, その逆数である $\frac{1}{a}$ の p 進展開が得られた. 勝手な有理数はこのような 3 種類の数の積なので, 実数のときと同じように, 勝手な有理数に無限 p 進展開があることがわかった. さて, 必ずしも有理数の p 進展開とは限らない勝手な無限 p 進展開をすべて考えることで, p 進数の集合 $\mathbb{Q}_p$ を

$$\mathbb{Q}_p = \{ a_m p^m + a_{m+1} p^{m+1} + \cdots + a_i p^i + \cdots$$

$$| \, m \text{ は任意の整数}, \, a_i \text{ は } 0 \leqq a_i \leqq p-1 \text{ なる整数} \}$$

Kurt Hensel
(1861-1941)

と定める.この p 進数の体系は,ドイツの数学者 Hensel によって考えられ,彼の 1910 年前後の出版物で公表された.上で説明したように $\mathbb{Q}$ は無限 p 進展開によって $\mathbb{Q}_p$ に埋め込まれるが,実は,$\mathbb{Q}_p$ は $\mathbb{Q}$ より真に大きな集合であり,無限 p 進展開で与えられる p 進数のうち,有理数ではないものを一つあげることはそれほど難しくない.例えば,先の節に論じた $\sqrt{2}$ を考えると,$\sqrt{2} \in \mathbb{Q}_p$ となるための必要十分条件は $p \equiv 1, 7 \mod 8$ となり,これらの素数 p では $\mathbb{Q} \subsetneq \mathbb{Q}_p$ なのである.このことは,「与えられた奇素数 p で $a_0^2 \equiv 2 \mod p$ なる整数 a_0 が存在するための必要十分条件は $p \equiv 1, 7 \mod 8$ となることである」という Gauss による定理[15]を用いてわかる(例えば [4] 参照).a_0 がとれたあと,上で $\dfrac{1}{a}$ の無限 p 進展開を見つけたときのように,帰納的に

$$|(a_0+a_1p^1+\cdots+a_{i-1}p^{i-1})^2-2|_p < \frac{1}{p^i}$$

なる $a_0, a_1, \cdots, a_{i-1}$ までが順次うまくとれたとする.このとき,$2-(a_0+a_1p^1+\cdots+a_{i-1}p^{i-1})^2$ は p^i で割り切れる.

$$2a_i \equiv \frac{2-(a_0+a_1p^1+\cdots+a_{i-1}p^{i-1})^2}{p^i} \mod p$$

なる a_i をとると

$$|(a_0+a_1p^1+\cdots+a_ip^i)^2-2|_p < \frac{1}{p^{i+1}}$$

となり,次の項 a_i までのより良い近似が得られた.これを繰り返すことで,$p \equiv 1, 7 \mod 8$ のとき,$\sqrt{2}$ の無限 p 進展開

$$\sqrt{2} = a_0+a_1p^1+\cdots+a_kp^k+\cdots$$

が $\mathbb{Q}_p$ の中でとれる.実は p 進数における次の大事な基本定理が知られている.

---

[15] Gauss による有名な数論の研究書『数論研究』(Disquisitiones arithmeticae)で最初に公表された.ここでは証明しないが,小さな素数で計算して確かめることで味わってほしい.

定理 1.2(Hensel の補題)

$f(x)$ を p 進絶対値が以下の p 進数たちを係数にもつ多項式とする.$|f(a_0)|_p < 1$ かつ $|f'(a_0)|_p = 1$ となる整数 a_0 が存在するとき,$|a-a_0|_p < 1$ かつ $f(a) = 0$ となる "$f(x) = 0$ の解" が $\mathbb{Q}_p$ の中にみつかる.

ここで行った近似計算は Hensel の補題の証明を $f(x) = x^2 - 2$ の場合で実行したことに相当する.

話をもとに戻そう.普通の絶対値 $|\ |_\infty$ に関する「無限小近似」を体現して数を広げて得られたのが実数の体系 $\mathbb{R}$ であり,素数 p での p 進絶対値 $|\ |_p$ に関する「無限小近似」を体現して数を広げて得られたのが p 進数の体系 $\mathbb{Q}_p$ であった.数学用語では,$\mathbb{Q}$ をこれらの絶対値が定める距離に関して「完備化した」とも言う.これらのどれとも同値でない絶対値があれば,それを用いて $\mathbb{Q}$ を完備化することで,また新しい数の体系ができるだろうか? 実は,次のような $\mathbb{Q}$ に入る絶対値の分類定理があり,$\mathbb{Q}$ の完備化は上で挙げたもの以外にはないことが知られている.

定理 1.3(Ostrowski の定理(1918))

$\mathbb{Q}$ に定まる自明でない絶対値 $|\ |$ は普通の絶対値 $|\ |_\infty$ かある素数 p による p 進絶対値 $|\ |_p$ のいずれかと定義 1.2 の意味で同値である.

本章の最後に,まとめとして本章で論じた数の広がりの「地図」を提示しておきたい(図 1.1).

しっかりすべてを証明することは大事であるが,どちらかというと伝えたいメッセージに到達することを優先して,詳細を省いたり事実を認めながら

図 1.1 数の世界の広がりの地図(1)

話を進めてきた．また，興味がある読者のために意図的に少し背伸びをした発展的なコメントがあったかもしれない．次章以降もそのような立ち位置で続けていきたい．

行間が気になったり心に何となく引っかかった記述にあたった読者は，手を動かしながら計算したり考えていただきたい．また，それをきっかけとして文献を辿りつつ勉強し，どんどん自分の中の数学の世界を広げていただきたい．

次章でも数の世界が広がっていく様子の話を続けるが，少し新しい視点から論じたり，もう少し詳しく掘り下げて，数の広がり具合の理解をもう一段深めたい．

第**2**章

広がっていく数の世界(2)

2.1●複素数の体系の出現と代数学の基本定理

　前章では，負の数や分数やその加減乗除などの代数操作を自由に行う要請からℕ ⊂ ℤ ⊂ ℚ と数の体系が広がること，通常の絶対値による距離やⅆ進絶対値による距離に関する無限小近似を考えたい要請から ℚ ⊂ ℝ または ℚ ⊂ ℚ$_ⅆ$ へと数の体系がさらに広がることを見た．無限小近似が自由に扱える数の体系においては，数列の「極限」や関数の「連続性」が考えられ，解析学を考える土壌ができたことがとても大事である．さて，数の体系はこれで十分に広がったと言えるだろうか？

　バビロニア，エジプト，ギリシャの数学を受け継いだ中世イスラム文化圏では，例えば 9 世紀前半のバグダッドで活躍した数学者アル＝フワーリズミー(Al=Khwarizmi)によって，その著書『アル・ジャブルとアル・ムカバラの計算』[1] で 2 次方程式の一般的な解法が与えられた．2 次方程式を解く営みは，既に遥か昔のバビロニアでも面積などの幾何的な状況での具体計算が行われていた．また前章で紹介したギリシャ時代後期の Diophantus の著書『算術』でも数論的に面白い特殊な 2 次方程式の研究がなされていた．アル＝フワーリズミーは幾何的な状況設定を離れた抽象的な 2 次方程式の問題を考え，それらを 6 通り[2] に分類した．現代扱う平方完成にあたる抽象的な操作と平方根をとる操作で 2 次方程式をすべて解き，「論理の連鎖で正しさ確定の手続

---

1) このアル・ジャブルが代数学(algebra)の語源である．
2) 負数の概念がまだなく 2 次方程式も統一的に書けなかった．現代的な記法で，$ax^2 = bx$, $ax^2 = c$, $bx = c$, $ax^2+bx = c$, $ax^2+c = bx$, $bx+c = ax^2$ (a, b, c は正の数)が考えられるのである．

きを完了する」ギリシャ的精神を引き継いで，正方形の面積を用いた論証を与えた．まさにこの中世イスラムにおいて，「未知変数を持つ方程式を形式的な式変形操作を駆使して解く」代数学の精神が誕生したのである．

その流れはヨーロッパにおいて引き継がれ，より高い次数の代数方程式の解法が研究された．人類は長い年月をかけて方程式の言葉を少しずつ改良し，Viète や Descartes を経て，指数を用いた代数方程式

$$a_n X^n + a_{n-1} X^{n-1} + \cdots + a_1 X + a_0 = 0$$

の現代の記号や記法を獲得した[3]．数学の発展には記号や記法の進化が非常に大事である．このような便利な記法を獲得すると数学的思考が一気に自由になり，代数方程式を解く要請から，さらに数の体系を広げる必要性が生じる．例えば a, b を実定数とする 2 次方程式 $X^2 + aX + b = 0$ は，実数の解を持つこともあれば持たないこともある．典型的な例として，$X^2 + 1 = 0$ は実数解を持たない．16 世紀イタリアの数学者 Bombelli によって，"$X^2 + 1 = 0$ の解"を導入すると，3 次方程式のベキ根記号による解の公式の表示が上手く計算できることが発見された．しかしながら，"$X^2 + 1 = 0$ の解"にはやはり心理的抵抗も大きく，人々に受け入れられるには長い年月を要した．さて，Euler によって導入された $i^2 = -1$ をみたす虚数単位記号 i を用いて，以下の複素数の体系を考える：

$$\mathbb{C} = \{a + bi \,|\, a, b \text{ は実数}\}.$$

複素数の集合 $\mathbb{C}$ には，

$$(a+bi) \pm (c+di) = (a \pm c) + (b \pm d)i,$$

$$(a+bi)(c+di) = (ac - bd) + (ad + bc)i,$$

$$\frac{a+bi}{c+di} = \frac{(ac+bd) + (bc-ad)i}{c^2 + d^2} \qquad (c+di \neq 0)$$

という規則で加減乗除が定まり，$\mathbb{C}$ も有理数の集合 $\mathbb{Q}$ や実数の集合 $\mathbb{R}$ と同様に加減乗除が考えられる数の体系となる．次の定理を思い出そう．

定理 2.1（代数学の基本定理）

　1 次以上の複素数係数の多項式

---

3) それ以前は，二乗や三乗などのベキは個別の固有名詞で与えられ，$+$，$-$，$=$ などの便利な記法もなかった．記号の変遷と発展，現代使われる記号の登場の詳細な経緯については，例えば『数学史』(中村滋，室井和男共著，共立出版)を参照のこと．

$$f(X) = a_n X^n + a_{n-1} X^{n-1} + \cdots + a_1 X + a_0$$

は必ず $\mathbb{C}$ の中に根を持つ.

　代数学の基本定理の証明は，特に，D'Alembert，Euler，Lagrange，Laplace，Gauss，Argand，Cauchy などの人々によって確立され，18 世紀末から 19 世紀初頭にかけては証明の厳密さや正しさをめぐって互いに激しい応酬もあったようである．また，解析的視点，代数的視点，幾何的視点でのさまざまな別証明がある（例えば[5]，[6]などの文献[4]を参照のこと）.

　また，代数学の基本定理の系として，1 次以上の複素数係数の多項式 $f(X)$ は複素数係数の 1 次多項式の積に分解できる．これは，$f(X)$ の次数 n に関する数学的帰納法ですぐに示される．n 次多項式 $f(X)$ は根 α を持つので，$f(x)$ を $(X-\alpha)$ で割ることで $f(X) = (X-\alpha)g(X)$ と書ける．$g(X)$ に帰納法の仮定を適用してほしい結論が得られる寸法である．たった一つの多項式 X^2+1 の根のおかげで，あらゆる複素数係数の多項式の根が得られることは驚きである.

　このように，複素数の体系は代数方程式のすべての解を考えられる代数学的に重要な数の体系であるが，解析学的にも美しく重要な数の体系である．例えば，実数変数 x での解析学を考えると，三角関数 $\sin x, \cos x$ と指数関数 e^x は，定義やグラフの形を見ても関連性が見えない．数の体系を複素数まで広げて複素変数 z を考えると，三角関数が

$$\sin(x+2\pi) = \sin x, \qquad \cos(x+2\pi) = \cos x$$

という周期性を持ったように，指数関数も

$$e^{z+2\pi i} = e^z$$

という周期性を持ち，三角関数と指数関数の間には，美しい Euler の公式

$$e^{iz} = \cos z + i \sin z$$

がある．複素数の体系に数を広げると，実数の世界では見えない三角関数と指数関数のつながりが見えてくる．また，このような複素変数の関数が住む土壌としての Riemann 面の理論を学ぶにつれて，代数と解析と幾何が織りなす調和した世界が感じられる.

4）[5]は，5 つの別証明を教育的な準備とともに丁寧に論じている．一方，[6]は歴史的な経緯を詳しく論じている.

2.2● 方程式の根によって広がる数の世界

前節で見たように我々は代数方程式の言葉を手にした．整数論では，特に有理数係数多項式の集合

$$\mathbb{Q}[X] = \{a_n X^n + \cdots + a_1 X + a_0 \,|\, a_0, \cdots, a_n \in \mathbb{Q}\}$$

やその根が大事である．数の体系 $\overline{\mathbb{Q}}$ を

$$\overline{\mathbb{Q}} = \{\alpha \in \mathbb{C} \,|\, \text{ある } f(X) \in \mathbb{Q}[X] \text{ が存在して } f(\alpha) = 0\}$$

で定め，$\overline{\mathbb{Q}}$ の元を**代数的数**とよぶ．また，0 でない $\alpha \in \overline{\mathbb{Q}}$ に対して，$f(\alpha) = 0$ となる $f(X) \in \mathbb{Q}[X]$ の次数の最小値が n ならば，α は n 次の代数的数であるという．$\overline{\mathbb{Q}}$ は加減乗除が考えられる数の体系となり，$\alpha, \beta \in \overline{\mathbb{Q}}$ がそれぞれ次数 m, n の代数的数ならば次が成り立つ：

1. $\alpha \pm \beta, \alpha\beta, \dfrac{\alpha}{\beta}$ は，mn 次以下の代数的数となる．

2. mn 個の有理数

   $$\{a_{ij} \,|\, 0 \le i \le m-1, \ 0 \le j \le n-1\}$$

   が存在して，$\alpha + \beta = \displaystyle\sum_{\substack{0 \le i \le m-1 \\ 0 \le j \le n-1}} a_{ij} \alpha^i \beta^j$ と書ける．$\alpha - \beta, \alpha\beta, \dfrac{\alpha}{\beta}$ のそれぞれに対しても mn 個の有理数が存在して同様に書ける．

証明の代わりの例として，$\alpha = \sqrt{2} - 1$，$\beta = \sqrt{3} - 1$ を考える．それぞれは $X^2 + 2X - 1, X^2 + 2X - 2$ の根，$\alpha + \beta, \alpha\beta, \dfrac{\alpha}{\beta}$ は

$$X^4 + 8X^3 + 14X^2 - 8X - 23 = 0$$

$$X^4 - 4X^3 - 16X^2 - 8X + 4 = 0$$

$$4X^4 + 8X^3 - 16X^2 + 4X + 1 = 0$$

の根である．

今，$\overline{\mathbb{Q}}$ の元に係数を持つ多項式の集合を $\overline{\mathbb{Q}}[X]$ と書くことにすると次が成り立つ．

命題 2.1

勝手な $f(X) \in \overline{\mathbb{Q}}[X]$ に対して，$g(X) \in \mathbb{Q}[X]$ が存在して，$\overline{\mathbb{Q}}[X]$ において $f(X)$ は $g(X)$ を割り切る．特に，$f(X) \in \overline{\mathbb{Q}}[X]$ は $\overline{\mathbb{Q}}$ の中

に根を持つ.

証明の代わりの例として,
$$f(X) = X^2 + \sqrt{2}X + \sqrt{3} \in \overline{\mathbb{Q}}[X]$$
を考える. 4つの2次式 $(X^2 \pm \sqrt{2}X \pm \sqrt{3})$ をすべて掛け合わせると, 有理数係数の8次式
$$g(X) = X^8 - 4X^6 - 2X^4 - 12X^2 + 9$$
が得られる. $f(X)$ の根は $g(X)$ の根なので, $f(X)$ の複素数としての根はどれも $\overline{\mathbb{Q}}$ に入る. より一般にも, 上で現れていた共役な多項式をすべて掛け合わせることが大事なアイデアである.

19世紀に確立された代数学の言葉では, 加減乗除の四則演算が定まる集合 F を**体**という. より厳密には集合 F で次の条件をみたすものを体とする.

1. F 上の加法演算 $+$, 乗法演算 $\cdot$ が定まり, 勝手な $a, b \in F$ に対して, $a+b, a \cdot b \in F$ となる.

2. 勝手な $a \in F$ に対して, $1 \cdot a = a$, $0 \cdot a = 0$ となる元 $1, 0 \in F$ がある.

3. 勝手な $a, b, c \in F$ に対して
$$a + (b+c) = (a+b) + c,$$
$$a \cdot (b \cdot c) = (a \cdot b) \cdot c,$$
$$a \cdot (b+c) = (a \cdot b) + (a \cdot c)$$
なる「結合法則」や「分配法則」が成り立つ.

4. 勝手な $a, b \in F$ に対して, $a+b = b+a$, $a \cdot b = b \cdot a$ といった「加法の可換性」や「乗法の可換性」が成り立つ.

5. 勝手な $a \in F$ に対して, $a+b = 0$ となる $b \in F$ がある. この b を a に対する「加法の逆元」と呼び, "$-a$" と書く.

6. $a \neq 0$ なる勝手な $a \in F$ に対して, $a \cdot b = 1$ となる $b \in F$ がある. この b を a に対する「乗法の逆元」と呼び, "a^{-1}" と書く.

既に登場した $\mathbb{Q}, \mathbb{R}, \mathbb{Q}_p, \mathbb{C}$ などはすべて体である. 一方, $\mathbb{N}$ では「加法の逆元」が定まらず, $\mathbb{Z}$ では「乗法の逆元」が定まらないので $\mathbb{N}$ や $\mathbb{Z}$ は体ではない. また, Hamilton の四元数体 $\mathbb{H}$ は「乗法の可換性」をみたさないので, 上

の定義の意味の「体」ではない[5].

体 F の元を係数とする多項式の根がすべて F に入っているとき，F は**代数閉**であるという．$\mathbb{C}$ は代数学の基本定理により，代数閉であった．

$\mathbb{Q}$ は遥か昔から数論の舞台であり，$\overline{\mathbb{Q}}$ は $\mathbb{Q}$ を含む代数閉な体のうち最小のものである．よって，$\overline{\mathbb{Q}}$ はまさに整数論研究の主人公である[6]．そして，$\overline{\mathbb{Q}}$ 自身が持つ豊富な「対称性」を理解することが，現代の整数論が目指す主要課題の一つであると言える．

例えば上下対称な図形は上下の反転で不変なように，数学における「対称性」とは変換による不変性である．円の図形がすべての角度の回転変換で不変なように，より多くの変換で不変ならばより対称性が高い．そして，変換をつかさどる代数学の言葉が「群」である．

決闘により 1832 年に 20 歳の若さで散ったフランスの数学者 Galois は，与えられた方程式の根の変換の構造とその方程式の解がベキ根で表せることの関係を分析した．そして，彼のこの理論の帰結として，一般の 5 次方程式のベキ根による解の公式が存在しないことが従う．このような根の変換は，現代では方程式のガロワ群と呼ばれている．また，現代のガロワ理論では，方程式そのものより方程式の根から得られる体を見ることが大事である．F のガロワ群は体 F から体 F 自身への加減乗除を保つ変換である[7]．よって，$\overline{\mathbb{Q}}$ のガロワ群 "$\mathrm{Gal}(\overline{\mathbb{Q}}/\mathbb{Q})$" が体 $\overline{\mathbb{Q}}$ の対称性を記述している．

1. 19 世紀末や 20 世紀初めの Hilbert や E. Noether による研究によって「勝手な有限群が $\mathrm{Gal}(\overline{\mathbb{Q}}/\mathbb{Q})$ の商に現れるか？」という「ガロワの逆問題」が考えられるようになった．多くの有限群 G が $\mathrm{Gal}(\overline{\mathbb{Q}}/\mathbb{Q})$ の商として得られており[8]，問題の精密化や発展形も研究され続けている．

2. 第 1 章で登場した Fermat の最終定理は，Ribet により志村-谷山予想に帰着され，Wiles が志村-谷山予想を条件付きで解決して解

---

5) 四元数体 $\mathbb{H}$ のように 0 でない元による割り算はあるが乗法の可換性が成り立たない代数系を，しばしば斜体または可除環と呼ぶ．

6) $\overline{\mathbb{Q}}$ の部分体の構造を調べる代数的整数論の入門書としては，例えば [9] がある．

7) 群とガロワ理論の考え方をわかりやすく解説した本として [7] を挙げておく．また，ガロワ理論の入門書として [8] を挙げておく．

8) 例えば，『Topics in Galois theory』（J. P. Serre 著，CRC Press）などを参照のこと．

かれた. $\mathrm{Gal}(\overline{\mathbb{Q}}/\mathbb{Q})$ から生じる「ガロワ的なゼータ関数」たちと高次元のモジュラー形式と呼ばれるよい関数から生じる「モジュラーなゼータ関数」たちの間の不思議な関係を予言する壮大な Langlands 予想が知られており，実は志村–谷山予想は Langlands 予想の特別な場合である.

3. 現代の数論幾何学の始祖である Grothendieck は 1970 年代に 40 代半ばにして突如数学研究の表舞台を去った後，1983 年に "Esquisse d'un Programme" を発表し，再び数学界を驚かせた. その中で，彼は，$\mathrm{Gal}(\overline{\mathbb{Q}}/\mathbb{Q})$ の遠アーベル（anabelian）と呼ばれるクラスの代数多様体の基本群への作用が $\mathrm{Gal}(\overline{\mathbb{Q}}/\mathbb{Q})$ の情報をあまり失わずに体現することに着目し，遠アーベル幾何という壮大な構想を提唱した. 例えば，$\mathrm{Gal}(\overline{\mathbb{Q}}/\mathbb{Q})$ を射影直線から 3 点を抜いた多様体 $\mathbb{P}^1 - \{0, 1, \infty\}$ の基本群に作用させることで，定義からはまったく構造のわからない神秘的な群 $\mathrm{Gal}(\overline{\mathbb{Q}}/\mathbb{Q})$ を，Grothendieck-Teichmüller 群という具体的な表示を持つ群で表すことも提唱した. 遠アーベル幾何は今も盛んに研究されている[9].

　群，ガロワ群，多様体の基本群が登場し，難しいコメントが続いた. 数の体系 $\overline{\mathbb{Q}}$ は複雑で豊富な対称性を持っていること，$\overline{\mathbb{Q}}$ とそのガロワ群 $\mathrm{Gal}(\overline{\mathbb{Q}}/\mathbb{Q})$ には多くの数論の具体的な問題を解くだけの情報が潜んでいること，$\mathrm{Gal}(\overline{\mathbb{Q}}/\mathbb{Q})$ の構造や性質が現代の数学の最先端の課題として盛んに研究されている雰囲気だけでも感じ取っていただければ幸いである.

2.3◉ 番号付けられる無限と番号付けられない無限

　第 1 章では，$\sqrt{2}$ は有理数にならないことを示し，$\mathbb{Q} \subsetneq \mathbb{R}$ を見た. さらに「$\mathbb{Q}$ と $\mathbb{R}$ はどれくらい違うだろうか？」という問題を提起した. まず，$\mathbb{Q}$ も $\mathbb{R}$ も無限個の元を持つ「無限集合」なので，「無限」を数えたり比べたりすることが問題になる. さて，数学において集合を数えたり比べることの基本は

---

9) Grothendieck に関するさまざまな情報や文献については，ウェブサイト "Grothendieck Circle" を参照されたい.
　http://www.grothendieckcircle.org/

「1対1対応」である．例えば，寡多を一見して判別できないくらいの多人数からなる二つの集団 A と B に対して，仮に数え方を知らなかったとしても，あるいはあえてそれぞれの人数を個別に数えなくても，時間さえあればどちらの人数が多いかを比べることができる．集団 A の各人に集団 B の誰かを対応させて順次ペアを作り，人が余る集団の人数がもう片方より多いのである．どちらからも余りが出ないとき，そしてそのときに限って A と B の人数はちょうど等しい．

一方で，無限集合を数えたり比べたりするときはまったく状況が変わる．自然数とは，$\{1, 2, 3, \cdots\}$ という数の列である．想像を逞しくして，Hilbert の無限ホテルと呼ばれる部屋番号が自然数で番号づけられた無限個の部屋をもったホテルを考えよう[10]．廊下は延々と続き，部屋番号は $1, 2, 3, \cdots$ とはるか先まで続いている．今このホテルが満室だったとするときに新しい旅人が来訪したとする．もし部屋の数が有限個の普通のホテルならば新しいお客を入れられない．しかしこのホテルはこの新しい旅人を受け入れられるのである．

---

[10] 英語版 Wikipedia の項目 "Hilbert's paradox of the Grand Hotel" によると，Hilbert が 1924 年に彼の講義で紹介した話で，1947 年の George Gamow の著書で普及したようである．

1号室にいた客は2号室へ移ってもらい，2号室にいた客は3号室に移ってもらう．同様にn号室にいた客は$n+1$号室に移ってもらえばよい．誰もあふれずに，旅人も空きになった1号室に悠々と入れるのである．$A=\{1,2,3,\cdots\}$，$B=\{2,3,4,\cdots\}$ とすると，$B \subsetneq A$ にも関わらず A と B の間に1対1対応がある．ほかにも，偶数全体 $C=\{2,4,6,\cdots\}$ を考えると，$n \in A$ に対して $2n \in C$ を対応させることで A と C の間に1対1対応がある．

実は，整数の集合 $\mathbb{Z}$ も有理数の集合 $\mathbb{Q}$ も自然数の集合 $\mathbb{N}$ と1対1対応をもつ．例えば，$\mathbb{Q}$ の元は，$\dfrac{a}{b}$ とかける．今，
$$S := \{(x,y) \text{ 平面の座標が整数で } y \neq 0 \text{ の点全体}\}$$
と定めると，$(a,b) \in S$ に $\dfrac{a}{b}$ を対応させることで全射写像 $S \to \mathbb{Q}$ ができる．$(-1,2), (1,-2), (-2,4)$ など同じ有理数 $-\dfrac{1}{2}$ に対応する点が無限にあるのでこの写像は単射ではない．今，$(0,1), (1,1), (1,-1), (0,-1), (-1,-1), (-2,-1), (-2,1), \cdots$ と真ん中から外へ向かって時計回りかつ螺旋的に S の点を尽くしていく．

除外された $y=0$ の点，例えば $\dfrac{-1}{-1}=1$ に対応する $(-1,-1)$ のように既に登場した有理数に対応する点（図2.1での黒丸の点）は飛ばしながら白丸の点に順に番号を振っていくと，勝手な有理数には自然数によって番号を振っていくことができる．図で言うと，7番目に通過する白丸の座標は $(2,-1)$ なので，7番の背番号を持つ有理数は，$-\dfrac{1}{2}$ である．このように $\mathbb{N}$ と1対1

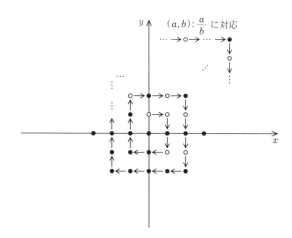

図 2.1　有理数の番号付け

対応がつく集合，言い換えるとその集合の元たちを $\mathbb{N}$ で番号付けられる無限集合は**可算無限**であるという．$\mathbb{Q}$ が可算無限集合であることを示した上の証明と同様に，$\mathbb{N}$ の元の n 個の組で与えられる積集合 $\mathbb{N} \times \mathbb{N} \times \cdots \times \mathbb{N}$ も $\mathbb{N}$ で番号付けられる．これによって，

$$\mathbb{Q}[X]_{\leq n} := \{ f(X) \in \mathbb{Q}[X] \,|\, f(X) \text{ の次数は } n \text{ 以下} \}$$

は可算無限集合であることが示される．集合論の初等的な議論によって，選出公理を仮定すると，可算無限集合の可算無限個の合併集合は可算無限集合であることが知られている[11]．これによって，$\mathbb{Q}[X]$ や代数的数の集合 $\overline{\mathbb{Q}}$ も $\mathbb{N}$ で番号付けられる．

さて，このようにして，身近な無限集合を論じてみると，「無限集合はすべて $\mathbb{N}$ で番号付けられるだろうか？」という素朴な疑問が生じるかもしれない．

実は，19 世紀末に Cantor によって発見された論法によって，そうではないことがわかる．第 1 章のように，実数は無限小数展開として表示し，

$$11 = 10.999999\cdots, \qquad 0.776 = 0.775999999\cdots$$

といった具合に，先でずっと 9 が続くとき繰り上げ表示する約束で無限小数展開はただ一通りに書き表すこととする．開区間 $(0,1)$ から実数直線 $\mathbb{R}$ 全体に

$$x \mapsto \frac{x - \dfrac{1}{2}}{\dfrac{1}{2} - \left| x - \dfrac{1}{2} \right|}$$

で 1 対 1 対応がある．よって，

「開区間 $(0,1)$ の実数全体は $\mathbb{N}$ で番号づけられない」

ことを示せば実数 $\mathbb{R}$ 全体も $\mathbb{N}$ で番号づけられないことが示される．

このことを背理法を用いて示そう．区間 $(0,1)$ の実数全体が自然数で番号づけられると仮定して，これらすべてを順に並べる．それらを $x_1, x_2, x_3, \cdots$ と番号づけて，

$$x_i = 0.a_{i1} a_{i2} a_{i3} \cdots a_{in} \cdots$$

と無限小数展開する．ここに a_{in} は i 番目の小数 x_i の，小数第 n 位の数を表

---

[11] 選出公理は集合論において無限を扱う際の基本公理で，「空でない集合 Λ で添字付けられる空でない集合の族 $\{S_\lambda\}_{\lambda \in \Lambda}$ があるときに直積集合 $\prod_{\lambda \in \Lambda} S_\lambda$ は空でない」という主張である．Λ が無限のときにも，各 S_λ から元 $s_\lambda \in S_\lambda$ を一斉に選び取る操作を保証している．集合の濃度の演算の基本については，例えば『集合・位相入門』(松坂和夫著，岩波書店) などを参照のこと．

している．ここで，
$$x_1 = 0.a_{11}a_{12}a_{13}\cdots a_{1n}\cdots$$
$$x_2 = 0.a_{21}a_{22}a_{23}\cdots a_{2n}\cdots$$
$$x_3 = 0.a_{31}a_{32}a_{33}\cdots a_{3n}\cdots$$
$$\vdots$$
$$x_n = 0.a_{n1}a_{n2}a_{n3}\cdots a_{nn}\cdots$$
$$\vdots$$

とこれらの小数を並べて，対角線上の成分を用いて，
$$b_n = \begin{cases} 1 & a_{nn} \neq 1 \\ 2 & a_{nn} = 1 \end{cases}$$
とすることで，新しい小数
$$y = 0.b_1 b_2 b_3 \cdots b_n \cdots$$

を与える．この y は，どの x_n とも小数展開第 n 位で異なるので，y はどの x_n とも一致しないことがわかる．これは開区間 $(0,1)$ の実数全体は $\mathbb{N}$ で番号付けられるという仮定と矛盾した．かくして，実数の集合 $\mathbb{R}$ は $\mathbb{N}$ で番号付けられないことが示された．この論法は Cantor の**対角線論法**とよばれる方法である．可算無限集合より大きく $\mathbb{N}$ で番号付けられないような無限集合を**非可算無限**であるという．

この論法により実数は有理数より遥かにたくさんあるということがわかる．対角線論法の意味するところとして，実数のほとんどは，我々の計算できる限界を超えた無限小数展開を持つことに以下に注意したい．

2015 年日本公開の映画『The Imitation Game（邦題：イミテーション・ゲーム）』によっても脚光を浴びた 20 世紀前半に活躍したイギリスの数学者 Turing は，「計算する」という行為を見つめ直し，「計算可能」という概念を定義した．Turing の正確な定義より雑な言い方になるが，実数 x に対して，明確に記述された有限な長さの式や文によるアルゴリズムに基づいて，ある有限回数の手続きで，勝手な自然数 n での x の小数展開第 n 位の数が求められるならば，x は**計算可能**であ

Alan Turing
(1912–1954)

るという[12]．例えば，代数的数 $\sqrt{2}$ の小数展開も $\overline{\mathbb{Q}}$ に入らないことが知られている円周率 π や自然対数の底 e の小数展開も，プログラムを与えてコンピュータでいくら先まででも計算できる．これらの実数はみな Turing の意味で計算可能である．実部や虚部が計算可能な複素数の集合 $\mathbb{Q}^{\mathrm{comp}}$ に対して次が成り立つ．

1. 一般に $\mathbb{Q}[X]$ の多項式の根たちの実部や虚部の実数は，プログラムを与えて小数展開を計算できるので，$\overline{\mathbb{Q}} \subset \mathbb{Q}^{\mathrm{comp}}$ が成り立つ．
2. 有限な長さの式や文によるアルゴリズムの総体は $\mathbb{N}$ で番号付けられるので，$\mathbb{Q}^{\mathrm{comp}}$ は可算無限である．
3. 計算可能な数 x, y の加減乗除で得られる数はまた計算可能であり，$\mathbb{Q}^{\mathrm{comp}}$ は体になる．

実際に普段我々が扱う実数や複素数は計算可能な無限小数展開を持つが，Cantor の対角線論法の示すところによると，計算可能でない実数が実数の多くを占めている．しかしながら，計算可能な数に限定せずにすべての実数や複素数を考えることで，冒頭に述べたように「極限」や「連続性」が保証され，解析学などの理論が自然に展開できる．我々は計算可能でない無数の数たちに裏で支えられているとも言える．

さて，整数論は $\overline{\mathbb{Q}}$ の中で方程式を解いたり，$\overline{\mathbb{Q}}$ の内部構造そのものを研究する理論であるが，先にも名前が出た「ゼータ関数」によって，円周率 π をはじめとした $\overline{\mathbb{Q}}$ に入らない計算可能数が非常に大事な形で登場してくる．なぜ，いつ，どのように，$\overline{\mathbb{Q}}$ に入らない数たちが整数論で大事な役割を演じるのか？「ゼータ」とは何か？ については，先の章で少しずつ触れていきたい．

2.4● 数の世界の広がりの地図

2章にわたって数の広がり具合を鳥瞰してきた．もの，長さ，面積を数え

---

12) 計算可能数については，例えば『周期と実数の 0-認識問題』（吉永正彦著，数学書房）の第5章を参照のこと．

たり測る「数」から始まり，無限小近似や代数方程式などの概念を取り込みながら人類は数の体系を広げてきた．上でも触れたように，19世紀に確立された現代の代数学の基礎体系においては群，環，体という概念があり，今まで考えてきた数の体系は単に環や体の例の一つにすぎない．そもそも数とはなんだろうか？　一般的な環や体などの代数的な体系とその元を「数」とよぶべき特別な体系の間に線引きはあるのだろうか？

筆者は「数」を語るとき，幾何学や解析学が自然に展開できる舞台となる$\mathbb{R}$や$\mathbb{C}$，$\mathbb{Q}_p$などの数の体系を想定している（ような気がする）．

例えば，$\mathbb{R} \subset \mathbb{C} \subset \mathbb{H}$となる Hamilton の四元数体$\mathbb{H}$は，複素数の体系$\mathbb{C}$のようにその上で解析学が豊かに育つ土壌とはならなかった．$\mathbb{H}$は筆者自身の「数の世界の地図」には登場してこない．

一方で，p進体$\mathbb{Q}_p$にも$\mathbb{Q}_p$を含む最小の代数閉体$\overline{\mathbb{Q}_p}$がある．実は$\overline{\mathbb{Q}_p}$はp進の距離で完備でないのだが，第1章の議論と同様な完備化の操作で$\mathbb{C}_p$という体が得られ，$\mathbb{C}_p$は代数閉でかつ完備である．長らく，この$\mathbb{C}_p$がp進の世界での複素数の体系$\mathbb{C}$の対応物としてみなされることが多かった．その後，1980年代以降の数論幾何学の研究でp進 Hodge 理論が発展し，フランスの数学者 Fontaine がp進周期の体B_{dR}を発見した[13]．B_{dR}は一般に十分な市民権を得られているかわからないが，p進幾何やp進積分論の理論がB_{dR}で上手く機能することが明らかになってきており，数論幾何学の世界では身近な存在となりつつある．B_{dR}やその親戚筋のp進周期の数体系たちは筆者自身の心の中の「数の世界の地図」に入っている．図2.2（次ページ）に，数の広がりの「地図」をまとめておく．

人によって，普段抱いている心の中の「数の世界の地図」の偏り，縮尺，地名の細かさのバリエーションは違うだろうし，良し悪しがあるものでもない．あなたの心の中にはどういう地図が広がっているだろうか？

次章では，今までに出揃った$\mathbb{Q}, \overline{\mathbb{Q}}, \mathbb{C}$について，もう少し掘り下げたり少し違った角度から論じたい．また，本章はいわゆる「お話」の割合が多かったので，次章は数を「計算」することに少しでも立ち戻りたい．

---

13) 例えば，『Périodes p-adiques』（Jean-Marc Fontaine 編，Astérisque 223, Société Mathématiques de France）を参照．

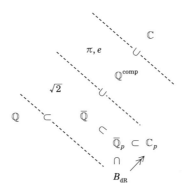

図 2.2 数の世界の広がりの地図 (2)

第3章

無理数を感じたい，超越数を見極めたい

3.1◉無理性と超越性

　前章では，$\mathbb{Q} \subset \overline{\mathbb{Q}} \subset \mathbb{C}$ なる数の体系の広がりを論じた．$\overline{\mathbb{Q}}$ に入らない $\mathbb{C}$ の元を**超越数**という．$\overline{\mathbb{Q}}$ は可算無限，$\mathbb{C}$ は非可算無限なので，超越数は代数的数よりもはるかにたくさんある．しかしながら，数を具体的に一つ与えると，超越数であるか見当がつかなかったり，超越数であると予想されても示せないことが多い．

　実際，複素数 x が超越数であることの定義は，勝手な $f(X) \in \mathbb{Q}[X]$ で $f(x) \neq 0$ となることであった．$\mathbb{Q}[X]$ は無限集合なので，超越数であることは有限回の手続きで検証できないように思える．しかしながら，特定の状況に当てはまる数に対して超越数であることを示せる場合がある．どのような場合に，どうやって，超越性が証明できるかは次節以降で論じたい．

　さて，もっとも知られた超越数は円周率 π であろうことは疑いない[1]．円は自然や人間の活動などのあらゆる側面で見い出され，対称性が非常に高い特別な図形である．円周の長さや円の面積を用いた π の定義は古代から認識されてきた．自然数，実数の概念の基礎づけが確立するより前から，それぞれの文明圏で π の近似値計算が少しずつ発展してきた長い歴史もある．すでに遠く古代ギリシャにおいても，Archimedes は π の近似値 3.14 を得て

---

[1] 円周率を表す記号 π は，ギリシア語で周を表す $\pi\varepsilon\rho\acute{\iota}\mu\varepsilon\tau\rho o\varsigma$ (perimetros) の頭文字をとって，William Jones が 1706 年にその著書で導入した．Euler の著書『無限解析入門』によって広く普及するようになったとされている．

いた.日本においては,江戸時代に,関孝和により小数点以下 10 桁以上まで,その弟子の建部賢弘により小数点以下 40 桁以上まで π の小数展開が計算されている[2].

円周率 π の次に有名な超越数は Napier の数(自然対数の底)

$$e = \lim_{n\to\infty}\left(1+\frac{1}{n}\right)^n$$

であろう. e は微分積分を学ぶと自然に現れ,対数の理論の基礎をなす数である.

さて,e は 1873 年に Hermite により,π は 1882 年に Lindemann により超越性が示された.その後も具体的な超越数はたくさん見つかっているが,与えられた数の超越性は数ごとに違う手法を用いなければならないことが多く,知られている限られた手法から外れる数の超越性の問題は非常に難しい.

例えば,超越数 x と代数的数 $y \neq 0$ の和 $x+y$ や積 xy が超越数であることは,前章で説明した「代数的数が加減乗除で閉じている」という事実と背理法により直ちにわかる.一方で,「$e+\pi, e\pi$ は無理数か?」という疑問の答え

---

[2] 関孝和の同時代が舞台の小説『天地明察』(冲方丁著,角川書店),それより時代を下った有馬頼僮と同時代が舞台の小説『算法少女』(遠藤寛子著,ちくま学芸文庫)は,それぞれ江戸時代の算術研究の様子を生き生きと描いていて面白い.

すらも 2016 年現在で知られていない[3].

　さて，19 世紀末に至って，人類は π が超越数であることの証明を手にした．これによって，古代ギリシャの三大作図問題の一つである「円積問題」がやっと解決した．「角の三等分」，「立方体倍積問題」と並ぶこの作図問題は，「半径 1 の円と同じ面積を与える正方形の一辺を作図できるか？」を問う問題である．求める正方形の一辺の長さは $\sqrt{\pi}$ である．一方，長さ 1 の線分から出発して，作図できる線分の長さは代数的数でなければならないことが知られている[4]．π が超越数であれば $\sqrt{\pi}$ は代数的数でないので，2000 年の時を経てこの古代からの未解決問題が不可能性を論証するという否定的解決に落ち着いた．

　上述の $e+\pi, e\pi$ の超越性のような素朴な疑問も未だわからない一方で，無理数論や超越数論の理論が 20 世紀に大きく進歩したのも事実である．これらは整数論のある種の問題たちに豊かな応用をもたらした．そのあたりの状況はあとで触れたい．

3.2◉無理性と有理数近似

　さて，実数 x が与えられたときに，無理数であるかを調べる手がかりはあるだろうか？　その鍵は有理数による近似にある．例えば，無理数 $\sqrt{3}$ の 10 進小数展開

$$\sqrt{3} = 1.73205080\cdots$$

を小数点以下第 $n+1$ 位で打ち切って四捨五入することで $\sqrt{3}$ の有理数近似が得られ，その誤差は $\frac{1}{2} \times 10^{-n}$ 以下となる．例えば，小数点以下第 5 位で打ち切って四捨五入することで，$\frac{17321}{10000}$ という有理数近似が得られ，その誤差は $\frac{1}{2} \times 10^{-4}$ 以下となる．しかしながら，

$$\frac{265}{153} < \sqrt{3} < \frac{1351}{780}$$

3）Schanuel 予想などの帰結として，$e+\pi, e\pi$ は超越数であると広く信じられている．

4）この事実の説明，作図問題の解説に関しては，例えば，志甫淳著「作図できる数，できない数」（『数学通信』（日本数学会）第 8 巻第 3 号）などを参照のこと．

　　http://mathsoc.jp/publication/tushin/0803/shiho8-3.pdf

という分数でも近似できて[5]，分母が小さいにもかかわらず，誤差は $\dfrac{1351}{780}$ $-\dfrac{265}{153}=\dfrac{1}{39780}<10^{-4}$ と小さい．このように分母を小さく抑えて誤差を少なくできる有理数近似を，効率的な有理数近似と呼びたい．無理数論でよく知られた基本定理である以下の Liouville の定理によって，次数が小さい代数的数ほど「有理数近似の効率が悪い」ことが知られている．

定理 3.1（Liouville の定理）

$x \in \overline{\mathbb{Q}}$ を n 次の代数的数とするとき[6]，x のみに依存する $0 < c \leqq 1$ なる実定数 c が存在して，勝手な $\dfrac{a}{b} \in \mathbb{Q}$ に対して

$$\frac{c}{|b|^n} < \left| x - \frac{a}{b} \right|$$

が成り立つ．

2 次の代数的数 $x = \sqrt{2}$ の有理数 $\dfrac{a}{b}$ による近似の例で定理 3.1 を示すことで，この定理を理解してみよう．まず，

$$\left| \frac{1}{b^2} \right| \leqq \left| \frac{2b^2 - a^2}{b^2} \right| = \left| \sqrt{2} - \frac{a}{b} \right| \left| \sqrt{2} + \frac{a}{b} \right|$$

となる．また，$\left| \sqrt{2} - \dfrac{a}{b} \right| < 1$ であるとしてよいので，三角不等式によって

$$\left| \sqrt{2} + \frac{a}{b} \right| \leqq |2\sqrt{2}| + \left| -\sqrt{2} + \frac{a}{b} \right| < 2\sqrt{2} + 1,$$

二つの不等式を合わせて

$$\frac{1}{(2\sqrt{2} + 1)|b|^2} < \left| \sqrt{2} - \frac{a}{b} \right|$$

を得る．つまり，$c = \dfrac{1}{2\sqrt{2} + 1}$ と取れば，$x = \sqrt{2}$ の場合の Liouville の定理の結論が示せたことになる．

一般の n 次の代数的数に対しても，絶対値の三角不等式や二項展開の公式などの高校数学の範囲の言葉だけで，不等式評価を上手に組み合わせて示すことができる．例えば，[11] の最初を参照のこと．

---

5) このような近似分数は，次節で説明する連分数展開の中間近似分数を用いて見つけることができる．

6) 代数的数 x に対して，x を解とする有理数係数の代数的方程式の次数のうち最小のものを「x の次数」という．前章でも用いた言葉であるが，本章でも頻繁に使うので復習しておく．

さて，この定理を用いると超越数を「人工的に作る」ことができる．次のような無限級数を考える．

$$\sum_{j=1}^{\infty} \frac{1}{2^{j!}}$$

この級数は収束して実数 $\alpha \in \mathbb{R}$ を定める．Liouville は，1844 年にこのような級数の値 α が超越数であることを示した．これが，厳密に超越性が示された史上初の実数の例である．実際，α が n 次の代数的数だと仮定して，Liouville の定理を用いて背理法で示す．$a_k = \sum_{j=1}^{k} \frac{1}{2^{j!}}$ とおくと，

$$a_k = 2^{k!} + \cdots + \frac{2^{k!}}{2^{j!}} + \cdots + 1, \qquad b_k = 2^{k!}$$

を用いて $\alpha_k = \dfrac{a_k}{b_k}$ となるので，

$$\alpha - \frac{a_k}{b_k} = \sum_{j=k+1}^{\infty} \frac{1}{2^{j!}} < \frac{2}{2^{(k+1)!}} = \frac{2}{(b_k)^{k+1}}$$

となる．Liouville の定理から，任意の $\varepsilon > 0$ に対して，$\left| \alpha - \dfrac{a}{b} \right| < \dfrac{1}{|b|^{n+\varepsilon}}$ をみたす有理数 $\dfrac{a}{b}$ は有限個しかないことがすぐにわかる．ある $\varepsilon > 0$ をとる．このとき，k が十分大きく $2 < (2^{k!})^{k-n-\varepsilon}$ ならば，$\left| \alpha - \dfrac{a_k}{b_k} \right| < \dfrac{1}{|b_k|^{n+\varepsilon}}$ である．$\dfrac{a_k}{b_k}$ たちは異なる k ですべて異なる有理数を定めるので，α が n 次の代数的数ならば Liouville の定理と矛盾する結論が導かれる．よって，α は超越数となる．

「代数的数の持つ性質」を観察してその性質がみたされない数を構成すれば超越数が得られる．Liouville は，代数的数の「有理数では効率的に近似できない」という性質に着目して，「非常に効率よく有理数近似される数」を作ったのである．このような超越数のクラスを，Liouville 数と呼ぶ．実は，Liouville 数からなる集合は非可算集合であるが，$\mathbb{R}$ の中で Lebesgue 測度が 0 であることが知られているので，"ほとんど" の超越数は Liouville 数でない．また，π や e は Liouville 数にならないことも知られている．よって，π や e の超越性はまったく違う方法で示されなければならない．π や e の超越性の証明は後で論じたい．

3.3 ● 実数を有理数で近似する方法

さて，前節で有理数による近似を論じた．昔から，計算のために π や 2 次

の無理数 $\sqrt{2}$ や $\sqrt{3}$ の近似値が用いられてきた．例えば，π に関しては遠く古代バビロニアで既に $\dfrac{25}{8}$ という近似値が用いられていた記録があり，時代をはるかに下ったこの日本でも，江戸時代の有馬頼徸が円周率を小数点以下 29 桁まで正しく表す有理数近似 $\dfrac{428224593349304}{136308121570117}$ を公表している[7]．

実数を有理数で効率的に近似するには，どうしたらよいのだろうか？ 実は，連分数展開と呼ばれる非常に有用な「計算術」が知られている．

実数 $x = x_0$ が与えられたとする．まず，a_0 を x_0 以下の最大の整数とする．次に，$x_1 = \dfrac{1}{x_0 - a_0}$ とおき，a_1 を x_1 以下の最大の整数とする．さらに，$x_2 = \dfrac{1}{x_1 - a_1}$ とおき，a_2 を x_2 以下の最大の整数とする．帰納的にこの操作を続けて，どこかで x_i が整数になればその操作を打ち切る．そうでなければ，a_n を x_n 以下の最大の整数として $x_{n+1} = \dfrac{1}{x_n - a_n}$ とおく操作を永久に続けていく．分数で書くと，次のようになる．

$$x = a_0 + \cfrac{1}{a_1 + \cfrac{1}{a_2 + \cfrac{1}{a_3 + \cfrac{1}{\cdots}}}} \tag{3.1}$$

定義 3.1

与えられた実数 x の「整数部分をとる操作」と「差の逆数をとる操作」を繰り返す(3.1)式を**連分数展開**という．大きな分数を書くのは大変なので，ここだけの記号として，

$$x = \langle a_0, a_1, a_2, \cdots, a_n, \cdots \rangle$$

と記す．連分数展開を n 番目で止めた

$$a_0 + \cfrac{1}{a_1 + \cfrac{1}{a_2 + \cfrac{1}{a_3 + \cfrac{1}{\cdots + \cfrac{1}{a_n}}}}} \tag{3.2}$$

を $\langle a_0, a_1, a_2, \cdots, a_n \rangle$ と記し，x の n 次**中間近似分数**と呼ぶ．

---

7) 『円周率 歴史と数理』(中村滋著，共立出版)より．

実数 x の連分数展開 $\langle a_0, a_1, a_2, \cdots, a_n, \cdots \rangle$ の n 次中間近似分数を $\dfrac{p_n}{q_n}$ とする

とき，$x = \lim\limits_{n \to \infty} \dfrac{p_n}{q_n}$ となる．また，x が無理数ならば $\left| x - \dfrac{p_n}{q_n} \right| < \dfrac{1}{q_n^2}$ となること

が確かめられるので，連分数展開で得られる近似は効率的な有理数近似である[8]．このような連分数展開の諸々の基本事項については，[10] の第 2 章を参照のこと．

例えば π の値の近似値 3.14 の連分数展開を考えると，

$$3.14 = 3 + \cfrac{1}{7 + \cfrac{1}{7}}$$

となる．その 1 次近似分数 $3 + \dfrac{1}{7} = \dfrac{22}{7}$ は古来よりよく知られた π の有理数近似である．π のより大きな桁数までの小数展開の連分数展開の中間近似分数を電卓などを用いて計算すれば，より正確かつ効率的な π の有理数近似が得られるだろう．

さて，π を近似値計算する方法を一つ紹介しよう．半径 1 の円に対して，$l_n = $ 内接正 n 多角形の外周，$L_n = $ 外接正 n 多角形の外周とおくとき，

$$\frac{l_n}{2} < \pi < \frac{L_n}{2}$$

なる不等式が成り立つ．例えば，$n = 6$ のときは，$\dfrac{l_6}{2} = 3$，$\dfrac{L_6}{2} = 2\sqrt{3}$ である．また，三角関数の倍角公式を駆使すると，

$$l_{2n} = \sqrt{l_n L_{2n}}, \qquad L_{2n} = \frac{2 l_n L_n}{l_n + L_n}$$

なる関係式があり（巻末補注参照），$n = 6, 12, 24, \cdots$ と n を大きくしていくことで，π のより正確な近似が得られる．例えば，

$$\frac{l_{12}}{2} = 3(\sqrt{6} - \sqrt{2}), \qquad \frac{L_{12}}{2} = 12(2 - \sqrt{3})$$

である．2 次の代数的数は，小数展開を用いずに直接手計算で連分数を計算することができる．例えば，$x = \sqrt{3}$ を連分数展開してみると，

$$a_0 = 1, \qquad x_1 = \frac{1}{\sqrt{3} - 1} = \frac{\sqrt{3} + 1}{3 - 1} = \frac{\sqrt{3} + 1}{2},$$

---

[8] 前節の最初に論じた小数展開を打ち切る有理数近似の誤差は $\left| x - \dfrac{p_n}{q_n} \right| \leq \dfrac{1}{2 q_n}$ で，それよりはずっと効率的である．

$$a_1 = 1, \qquad x_2 = \frac{2}{\sqrt{3}-1} = \frac{2(\sqrt{3}+1)}{3-1},$$

$$a_2 = 2, \qquad x_2 = \frac{1}{\sqrt{3}-1} = \frac{\sqrt{3}+1}{3-1} = \frac{\sqrt{3}+1}{2}$$

といった具合である．かくして，$n = 12$ では，

$$\frac{l_{12}}{2} = 3.1058\cdots, \qquad \frac{L_{12}}{2} = 3.2153\cdots$$

となる．Archimedes は，正 n 角形を $n = 2^4 \cdot 6 = 96$ まで考えることで，冒頭で述べた小数点以下 2 桁までの正しい π の近似値 3.14 を得たのである．

3.4● 連分数から見た有理数と2次の代数的数

第 1 章では，実数の体系 $\mathbb{R}$ における無限小数展開を介して $\mathbb{R}$ の中で $\mathbb{Q}$ の元が循環小数として特徴付けられることを紹介した．連分数に立ち入ったついでに，$\mathbb{R}$ の中での $\mathbb{Q}$ の元の別の特徴づけを紹介したい．

定理 3.2

$x \in \mathbb{R}$ が有理数であるための必要十分条件は連分数展開が有限回で止まることである．

証明

有限回で止まる連分数展開は，下から順に分母を払って有理数になるので十分性は明らかである．必要性に関しては，x が有理数のとき，定義 3.1 の式 (3.2) で現れた連分数展開を途中の分数 x_n の分母は，

x_n の分母 $> x_{n+1}$ の分母

と真に減少する自然数の列を与える．よって，ある n で x_n の分母が 1，つまり x_n は自然数となる． $\qquad\square$

実は，もし与えられた二つの整数 a と b の最大公約数 (a, b) を求める「Euclid の互除法」を知っていれば，有理数 $\dfrac{a}{b}$ の連分数展開の計算のステップは Euclid の互除法と同じ計算を行っていることがわかる．ためしに $x = \dfrac{143}{247}$ の連分数展開を計算してみると，

$$\frac{143}{247} = \cfrac{1}{1+\cfrac{1}{1+\cfrac{1}{1+\cfrac{1}{2+\cfrac{1}{1+\frac{1}{2}}}}}}$$

となる．連分数の内部で下から順に分母を払って通常の分数に戻していくと，既約分数 $\frac{11}{19}$ が得られる．元の分数表示 $\frac{143}{247}$ の分子と分母は $\frac{11}{19}$ の分子と分母の 13 倍になっていた．この倍数 13 は 143 と 247 の最大公約数にほかならない．このように，必ずしも既約ではない分数表示で与えられた有理数 x を連分数展開して，その連分数において下から順に分母を払って通常の分数に戻すと，x の既約分数表示になる．上の $x = \frac{143}{247}$ の例のように，これで分母と分子の最大公約数がわかる．

次に，有限で終わらない連分数のうち特に無限に循環するものを考えてみよう．例えば，$x = \langle 1, 2, 3, 1, 2, 3, \cdots \rangle$ と無限に循環する場合を考える．

$$x = 1 + \cfrac{1}{2+\cfrac{1}{3+\cfrac{1}{1+\cfrac{1}{2+\cdots}}}}$$

と分数で書いたときに，展開に現れる a_n が 3 回ごとの周期で循環するので $x = x_3$ となる．よって

$$x = 1 + \cfrac{1}{2+\cfrac{1}{3+\cfrac{1}{x}}}$$

がわかる．連分数の内部で下から順に分母を払って通常の分数に戻していくと，次が得られる．

$$x = 1 + \frac{3x+1}{2(3x+1)+x} = \frac{10x+3}{7x+2}$$

x は $7x^2 + 2x = 10x + 3$ なる 2 次方程式をみたすので 2 次の無理数となる．実は，次の定理が知られている．

定理 3.3

$x \in \mathbb{R}$ が 2 次の代数的数であるための必要十分条件は連分数展開が
途中から無限に同じ並びのサイクルを繰り返して循環することである.

十分性は上の $x = \langle 1, 2, 3, 1, 2, 3, \cdots \rangle$ との議論とほぼ同様に示すことができ
る. 必要性は, もう少し大変である. $x = \dfrac{m_0 + \sqrt{d}}{k_0}$ とすると, 定義 3.1 に
従って, a_0 を x_0 の整数部分, 以後帰納的に $x_n = \dfrac{1}{x_{n-1} - a_{n-1}}$ とおく. $x_n =$
$\dfrac{m_n + \sqrt{d}}{k_n}$ (k_n, m_n は整数)と表示したとき, x のみに依存する定数 M が存在し
て, 勝手な n で $0 < k_n, m_n^2 < M$ となる. よって, 鳩ノ巣論法により $x_n =$
x_{n+r} となる r が存在する. このような M が存在することが一番大事な部分
であるが, ここではこれは証明せず, 先述の [10] の第 3 章などに譲りたい.

時間があれば, 簡単な 2 次の代数的数に対して計算し循環することを体感
していただきたい. さて, $\sqrt{2}$ の連分数展開は有限で止まらないので, 定理
3.2 により $\sqrt{2}$ の無理性の別証明が得られる. Napier の数 e も,

$$e = 2 + \langle 1, 2, 1, 1, 4, 1, 1, 6, 1, 1, 8, \cdots \rangle$$

と, $1, 2k, 1$ なる 3 つごとの並びが最初から順に続くことが知られている[9].
この無限連分数展開はどこまで先に行っても循環しないので, 定理 3.2 と定
理 3.3 から, e は有理数でも 2 次の代数的数でもないことが証明されたこと
になる.

3.5● Hermite と Lindemann の方法

いよいよ, Hermite や Lindemann による e や π の無理性, 超越性の雰囲気
をのぞいてみたい. 特に e の超越性は高校数学程度の微積分で証明すること
ができる. ここでは, 次の補題が大事な役割を演じる.

補題 3.1

D を勝手な正定数とすると,

---

9) 例えば [13] の 1.3 節に収録されており, 証明の道具立ては, 次節で示す e の超越性の証明(定理
  3.4)と似たものである.

$$\lim_{n \to \infty} \frac{D^n}{n!} = 0$$

である．よって，どのような $C > 0$ に対しても十分大きな n では $C \cdot D^n < n!$ となる．

証明

$N > 2D$ なる自然数をとる．$n > N$ に対して，

$$\frac{D^n}{n!} = \frac{D^N}{N!} \frac{D}{N+1} \frac{D}{N+2} \cdots \frac{D}{n} < \frac{D^N}{N!} \frac{1}{2^{n-N}}$$

となる．$\displaystyle \lim_{n \to \infty} \frac{1}{2^{n-N}} = 0$ より，$\displaystyle \lim_{n \to \infty} \frac{D^n}{n!} = 0$ となる．後半の証明は省略する． □

定理 3.4（Hermite）

e は超越数である[10]．

証明

e が代数的数であると仮定して背理法で証明する．勝手な多項式 $f(X)$ と勝手な正の実数 t に対して，

$$I(t) = e^t \int_0^t e^{-x} f(x) dx$$

とおく．ただし，$f(X)$ の変数 X が実数値 x を動くときの微分可能関数を $f(x)$ と記している．部分積分の公式より，勝手な微分可能関数 $g(x)$ に対して，

$$\int_0^t e^{-x} g(x) dx = \int_0^t (-e^{-x})' g(x) dx$$

$$= -e^{-t} g(t) + g(0) + \int_0^t e^{-x} g'(x) dx$$

が成り立つ．$f(X)$ の j 階微分を $f^{(j)}(X)$ と記し，$f(X)$ の次数を m とするとき，上の公式を

---

10) 以下の証明は，参考文献の[11]，[12]，[13]にならっている．省略した証明の細部に関しては，これらの文献を参照されたい．

$$g(x) = f(x), \ g(x) = f^{(1)}(x), \ \cdots, \ g(x) = f^{(m)}(x)$$

の場合に順次適用することで，$I(t)$ の表示式

$$I(t) = e^t \sum_{j=0}^{m} f^{(j)}(0) - \sum_{j=0}^{m} f^{(j)}(t)$$

が得られる．今，e が代数的数であると仮定する．つまり，$a_0 a_n \neq 0$ なるある整数たち $a_0, \cdots, a_n$ が存在して，e が代数方程式

$$a_n X^n + \cdots + a_1 X + a_0 = 0$$

の解であるとする．p を素数として，整数係数の多項式

$$f(X) = X^{p-1}(X-1)^p (X-2)^p \cdots (X-n)^p \tag{3.3}$$

を考える．この状況で，

$$J = -(a_n I(n) + \cdots + a_1 I(1) + a_0)$$

とおく．$0 \leq k \leq n$ ならば，$[0, n]$ において

$$|e^{k-x}| \leq e^n, \qquad |f(x)| \leq n^m$$

となる．よって

$$|I(k)| = \left| \int_0^k e^{k-x} f(x) dx \right| \leq k e^n n^m$$

となる．ここで，

$$M = \max\{|a_0|, \cdots, |a_n|\},$$
$$C = M(n+1)e^n n^{n+1}, \qquad D = n^{(n+1)}$$

とおく．(3.3) で与えた $f(X)$ の次数 m は $(n+1)p - 1$ であるから，

$$|J| \leq C \cdot D^{p-1} \tag{3.4}$$

となる．一方で，先に与えた $I(t)$ の表示式より，

$$J = a_n \sum_{j=0}^{m} f^{(j)}(n) + \cdots + a_1 \sum_{j=0}^{m} f^{(j)}(1) + a_0 \sum_{j=0}^{m} f^{(j)}(0)$$

となる．また，$f(X)$ の作り方から次のことがわかる．

1. $j = p-1$ かつ $k = 0$ の場合を除いて，$f^{(j)}(k)$ は $p!$ で割り切れる．
2. $f^{(p-1)}(0) = (-1)^{np}(p-1)!(n!)^p$.

すべての $f^{(j)}(k)$ が $(p-1)!$ で割り切れるので J は $(p-1)!$ で割り切れる．$p > n$ かつ $p > M$ ならば，$f^{(p-1)}(0)$ のみが p で割り切れな

いので $J \neq 0$ である. かくして,

$$p > n \text{ かつ } p > M \text{ ならば, } (p-1)! \leq |J| \tag{3.5}$$

を得る. (3.4) と (3.5) を合わせると, $p > n$ かつ $p > M$ ならば $(p-1)! \leq C \cdot D^{p-1}$ が得られる. 素数 p を十分大きく取ると, 補題 3.1 より逆の不等式 $(p-1)! > C \cdot D^{p-1}$ が得られる. よって矛盾が生じ, e はいかなる有理数係数の代数方程式の解にもならないことが示された.

□

上の e の超越性の一般化として次の定理がある.

定理 3.5 (Lindemann)

複素数 $\alpha \neq 0$ に対して, α か e^{α} のどちらかは超越数である.

定理 3.5 において, $\alpha = 1$ とすると定理 3.4 が得られるので, 定理 3.5 は定理 3.4 の一般化である. 定理 3.5 の証明には, 定理 3.4 の証明で用いた $I(t)$ が現れ, 同様に補題 3.1 を用いて矛盾を出す方針である. ただ, $I(t)$ の t に複素数が入り, 複素数の線積分を扱わなければいけない. 証明の詳細は, $[12, \S 1.3], [13, \S 2.7]$ などを参照されたい.

定理 3.5 の系として, 次がわかる

系 3.1 (Lindemann)

π は超越数である.

証明

背理法で示す. π が代数的数と仮定すると πi も代数的数である. Euler の等式より $e^{\pi i} = -1$ であるから, これは定理 3.5 と矛盾する.

□

系 3.2

代数的数 $\beta \neq 0, 1$ に対し, $\log \beta$ は超越数である.

証明

$\alpha = \log \beta$ とおく．このとき，$e^\alpha = \beta$ は仮定より代数的数である．よって，定理 3.5 より $\alpha = \log \beta$ は超越数でなければならない． □

3.6 ● 20 世紀以降の超越数論の進歩

David Hilbert
(1862-1943)

Hilbert は 1900 年の国際数学者会議で，数学のさまざまな分野に関わる 23 の問題を提出し[11]，これらの問題は 20 世紀の数学研究の進展に非常に大きな影響を与えた．さて，19 世紀末の Hermite や Lindemann らによる超越数論に刺激を受けた Hilbert は，23 問のうちの第 7 問題において，e^x のような超越的関数に代数的数を代入した値の超越性の問題を提起した．特に，第 7 問題の後半では，$2^{\sqrt{2}}$ や $e^\pi = i^{-2i}$ などの具体的な数を引き合いに出して，「$\alpha \neq 0, 1$，$\beta \notin \mathbb{Q}$ が代数的数であるとき，α^β は超越数であるか？」と問うている．

最後の問題は，その後 1934 年に Gel'fond と Schneider が独立に示した次の定理で解決した[12]．

定理 3.6 (Gel'fond-Schneider)

$\beta_1, \beta_2 \neq 0$ は代数的数で，どんな有理数 a_1, a_2 に対しても $a_1 \log \beta_1 + a_2 \log \beta_2 \neq 0$ とする．このとき，どんな代数的数 α_1, α_2 に対しても $\alpha_1 \log \beta_1 + \alpha_2 \log \beta_2 \neq 0$ となる．

定理 3.6 の系として，Hilbert の第 7 問題における α^β の超越性が従う．こ

---

[11] Hilbert の 23 の問題すべての内容については，例えば『ヒルベルト 23 の問題』(杉浦光夫編，日本評論社) を参照のこと．

[12] Hilbert 自身は，この問題の解決は Fermat 予想や Riemann 予想が解決した後の未来になるだろうという意見を持っていたようで，しばしば大数学者でも数学の問題同士の難しさの比較を予見することが難しいという話の例として挙げられる．

れを背理法で証明するために α^β が代数的数であると仮定し，$\beta_1 = \alpha$, $\beta_2 = \alpha^\beta$ とおく．このとき，$\alpha \log \beta_1 - \log \beta_2 = 0$ なる関係式があるので，上の定理の対偶命題によって，$a_1, a_2 \in \mathbb{Q}$ が存在して $a_1 \log \beta_1 + a_2 (\log \beta_2) = 0$ となる．$\log \beta_1 = \log \alpha$, $\log \beta_2 = \beta \log \alpha$ であるから，これは $\beta \notin \mathbb{Q}$ の仮定と矛盾する．よって，定理 3.6 から α^β の超越性が示された．

Baker は，1966 年に定理 3.6 の一般化を発表した．

定理 3.7（Baker）

$\beta_1, \cdots, \beta_n \neq 0$ は代数的数で，どんな有理数 $a_1, \cdots, a_n$ に対しても $a_1 \log \beta_1 + \cdots + a_n \log \beta_n \neq 0$ とする．このとき，どんな代数的数 $\alpha_0, \alpha_1, \cdots, \alpha_n$ に対しても $\alpha_0 + \alpha_1 \log \beta_1 + \cdots + \alpha_n \log \beta_n \neq 0$ となる．

定理 3.7 は，Gel'fond-Schneider の証明における 1 変数の補助関数の議論を多変数の補助関数で行わなければならない．多変数関数論の技術的な困難を克服してこの結果を得たことで，Baker は 1970 年に Fields 賞の栄誉にあずかっている．実際，Baker は，次数がある自然数 d 以下の勝手な代数的数 $\alpha_0, \alpha_1, \cdots, \alpha_n, \beta_1, \cdots, \beta_n$ で $\beta_1, \cdots, \beta_n$ の高さ[13] がある定数 $B \geqq 2$ 以下のものに対して

$$|\alpha_0 + \alpha_1 \log \beta_1 + \cdots + \alpha_n \log \beta_n| > B^{-C}$$

を示している．ただし，C は d と $\alpha_0, \alpha_1, \cdots, \alpha_n$ のみから具体的に定まる定数である．そして「次数の低い不定方程式の整数点の個数の具体的な評価問題」や「類数の小さな虚 2 次体の決定問題」への応用も得ている[14]．Baker の対数 1 次形式の理論の p 進数 $\mathbb{Q}_p$ の世界での類似の理論も Brumer らによって得られており，岩澤理論における Leopoldt 予想などに応用がある．

先に紹介した Hernmite-Lindemann の証明では，関数 e^x が $(e^x)' = e^x$ という微分方程式をみたすことが大事だった．Siegel は指数関数の微分方程式を一般化するような線形常微分方程式をみたす「E 関数」という関数のクラスを定義した．多くの数学者によって E 関数 $f(x)$ に代数的数 $x = \alpha$ を代入した特殊値 $f(\alpha)$ の超越性を調べる研究が盛んになされ，今も進んでいる．

---

13) 代数的数 x の「高さ」の一般的な定義はしないが，特に有理数 $x = \dfrac{a}{b}$ に限ると「高さ」の定義は $\max\{|a|, |b|\}$ である．

14) 例えば，[12, chap. 4, chap. 5] などを参照のこと．

Alan Baker
(1939-2018)

Siegel は多重対数関数[15]を一般化する「G 関数」という関数のクラスも定義しており，G 関数の代数的数での特殊値の超越性も研究が進んでいる．G 関数は E 関数より収束性が遅く，その特殊値の超越性を示すのは一般により難しいが，G 関数の特殊値には数論的代数多様体の周期積分などが現れ，ゼータ関数の値に結びつく．かくして，G 関数の代数的数での特殊値は数論的に重要な数である．

---

15) 多重対数関数 $\text{Li}_s(x) = \sum_{k=1}^{\infty} \frac{x^k}{k^s}$ は $s = 1$ のとき，$\text{Li}_1(x) = -\log(1-x)$ となり，対数関数の一般化である．

第4章

ゼータの登場(1)

今まで何度か「ゼータ」という言葉が現れた．本章では，寄り道をしつつ
ゼータ値の登場について語りたい．

4.1● 素数再訪

第1章でも，Euclid による素数の無限性の証明や双子素数予想などの話題
に軽く触れたが，素数に関して深くは論じなかった．素数は，ゼータの登場
の歴史の大事な立役者であり，そしてゼータの本質に深く関係している．ま
ず，**素因数分解の一意性定理**を復習しよう．

定理 4.1

すべての2以上の整数 x は $x = p_1^{m_1} \cdots p_r^{m_r}$ と表される．ただし，p_1,
$\cdots$, p_r は素数で，$m_1, \cdots, m_r$ は正の整数とする．さらに，$p_1 < p_2 < \cdots$
$< p_r$ とすると，$p_1, \cdots, p_r$ と $m_1, \cdots, m_r$ は x から一意に定まる．

素因数分解の一意性定理は，感覚的には当たり前に感じられるかもしれな
い．ただ，一般の代数体に数の体系を広げると，素因数分解の一意性定理に
相当する事実が成り立たないこともあり，それほど当たり前の現象でないと
も言える．以下で証明しておきたい．

証明

まず，与えられた2以上の整数 x は必ず素因数分解ができることを
数学的帰納法で示そう．$x = 2$ は素数なので既に素因数分解されてい
る．今，x より小さな自然数はすべて素因数分解されると仮定する．

45

もし x が素数ならば示すことはない．そうでなければ，2 以上の整数 x_1, x_2 の積 $x = x_1 x_2$ で表される．$x_1, x_2 < x$ であるから，x_1, x_2 に対して帰納法の仮定を適用して x も素因数分解されることがわかる．

次に，与えられた 2 以上の x の素因数分解が一意的であることを背理法で示そう[1]．一意性が成り立たない最小の自然数 x をとり，素数 $p_1 < p_2 < \cdots < p_r$, $q_1 < q_2 < \cdots < q_s$, 正の整数 $m_1, \cdots, m_r, n_1, \cdots, n_s$ によって

$$x = p_1^{m_1} \cdots p_r^{m_r} = q_1^{n_1} \cdots q_s^{n_s} \qquad (4.1)$$

と二通りの異なる素因数分解を考える．x が素数ならば結論は明らかなので，以下

$$\min\{m_1 + \cdots + m_r, n_1 + \cdots + n_s\} > 1$$

と仮定する．p_1, q_1 は (4.1) 式の両辺に現れる素数の中で最小なので，

$$p_1^2 \leqq x, \qquad q_1^2 \leqq x$$

となる．今，ある素数 p が $\{p_1, \cdots, p_r\}$ と $\{q_1, \cdots, q_s\}$ の両方に含まれるならば，(4.1) の両辺を p で割ることで，$\dfrac{x}{p}$ は二通りの異なる素因子分解を持ち，x が一意に素因数分解されない自然数のうちで最小である仮定に矛盾する．よって，$\{p_1, \cdots, p_r\}$ と $\{q_1, \cdots, q_s\}$ に共通元はない．特に $p_1 \neq q_1$ であるから，$p_1 q_1 < x$ となる．$x' = x - p_1 q_1$ とおく．x は p_1 と q_1 の両方で割り切れるので，正の整数 x' も p_1 と q_1 の両方で割り切れる．x の最小性の仮定より，自然数 x' に対しては素因数分解の一意性が成り立ち，かつ $p_1 \neq q_1$ なので $p_1 q_1 | x'$ がわかる．よって $p_1 q_1 | x$ となる．やはり x の最小性の仮定より，$\dfrac{x}{p_1}$ も一意的な素因数分解

$$\frac{x}{p_1} = p_1^{m_1 - 1} \cdots p_r^{m_r}$$

を持つ．$q_1 \Big| \dfrac{x}{p_1}$ より，$q_1 \in \{p_1, \cdots, p_r\}$ となる．これは上述の $\{p_1, \cdots, p_r\}$ と $\{q_1, \cdots, q_s\}$ に共通元がない事実に矛盾するので，素因数分解の一意性が示された． $\square$

---

[1] 「p が素数であるときに $p | ab$ ならば $p | a$ または $p | b$」なる基本定理を認めると証明は直ちに終わる．ここではその基本定理を経由せずに示す．

d 次の代数的数 ξ が与えられるごとに，

$$\mathbb{Q}(\xi) = \{a_0 + a_1\xi + \cdots + a_{d-1}\xi^{d-1} | a_0, \cdots, a_{d-1} \in \mathbb{Q}\}$$

は，加減乗除で閉じた数の体系，つまり第2章で定義した「体」の例となることが確かめられる．このような $\mathbb{Q}(\xi)$ を（d 次の）**代数体**と呼ぶ．この節の最初に触れた「素因数分解の一意性」が成り立たない代数体の例として，2次の代数体 $\mathbb{Q}(\sqrt{-5})$ を考えよう．

$$\mathbb{Z}[\sqrt{-5}] := \{a + b\sqrt{-5} | a, b \in \mathbb{Z}\}$$

は，$\mathbb{Q}(\sqrt{-5})$ の「整数」全体の集合で，$6 \in \mathbb{Z}[\sqrt{-5}]$ は

$$6 = 2 \times 3 = (1 - \sqrt{-5}) \times (1 + \sqrt{-5}) \tag{4.2}$$

と二通りに分解する．この分解の因子 $2, 3, 1 - \sqrt{-5}, 1 + \sqrt{-5}$ がこれ以上分解できないことを示そう．

$$x = a + b\sqrt{-5} \in \mathbb{Z}[\sqrt{-5}] \qquad (a, b \in \mathbb{Z})$$

に対して**ノルム** $N(x)$ を

$$(a + b\sqrt{-5})(a - b\sqrt{-5}) = a^2 + 5b^2$$

で定義する．勝手な $x \in \mathbb{Z}[\sqrt{-5}]$ に対して $N(x) \in \mathbb{Z}$ であること，勝手な x, $y \in \mathbb{Z}[\sqrt{-5}]$ に対して $N(xy) = N(x)N(y)$ であることが簡単に確かめられる．仮に，$x_1, x_2 \in \mathbb{Z}[\sqrt{-5}]$ が存在して $2 = x_1 x_2$ と分解したならば，両辺のノルムをとって，$\mathbb{Z}$ における式

$$4 = N(x_1)N(x_2)$$

を得る．ところが，$a^2 + 5b^2$ なる形の整数が2以上ならば必ず4以上なので，$N(x_1) = 1$ または $N(x_2) = 1$ となる．$N(x) = 1$ ならば $x = \pm 1$ なので，$x_1 = \pm 1$ または $x_2 = \pm 1$ のいずれかが成り立つ．同様に，$3, 1 + \sqrt{-5}, 1 - \sqrt{-5}$ $\in \mathbb{Z}[\sqrt{-5}]$ も自分自身または ± 1 のみで割り切れるので，(4.2)式より $\mathbb{Q}(\sqrt{-5})$ では「素因数分解の一意性」の類似が成り立たない．

さて，ある大きな自然数 N を決めたときに，N 以下の自然数における特定の範囲内で素数をすべて挙げたいとする．おもに紀元前3世紀にエジプトで活躍した古代のギリシア人数学者 Eratosthenes（エラトステネス）の名前を冠した篩法と呼ばれる方法が有効である．例えば，100 までの自然数の表の中で素数をすべて見つけたいとする．区間 $[1, 100]$ の中で，まず，素数 2 の倍数 $4, 6, 8, \cdots, 98, 100$ を除外する．次に素数 3 の倍数 $6, 9, 12, \cdots, 96, 99$ を除外し，以下同様に 5, 7 の倍数を除外する．100 以下の素数でない自然数は必ず 10 以下の素数で割れるので，この段階で除外されず残っている数たちが

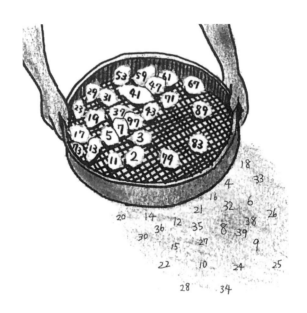

素数である．今の場合は，

2, 3, 5, 7, 11, 13, 17, 19, 23, 29, 31, 37, 41, 43, 47,

53, 59, 61, 67, 71, 73, 79, 83, 89, 97

が 100 までのすべての素数である．このようにして，大きな自然数 N が与えられたとき，$\sqrt{N}$ 以下の素数をすべて知っていれば，その倍数を除外してふるい分けることで N 以下の素数をすべて見つけられる．この方法は，割り算の計算による素数の判定も必要なく，効率的である．以上が最も素朴な意味での「篩法」である．直感的にも，ふるいにかけて素数を取り出しているイメージがするのではないだろうか．

篩法で素数を求めると実感するが，n が大きくなるにつれて区間 $[n, n+N]$ での素数はまばらになる．また，素数の現れ方は不規則であり明確な法則性はなさそうに見える．実は，素数の「分布の様子」もゼータと深く関係している．そのことは次の章で説明したい．

さて，大きな数を与えられると，それが素数であるか判定したり，素因数分解するのは計算機を用いても一筋縄ではいかない．判定法や計算効率に関するさまざまな研究が行われている．また，素数研究の歴史は長く，名前の付いた特殊な型の素数も多く知られている．中でも，最も有名なものの一つ

として，$M_q = 2^q-1$ 型の素数[2] は Mersenne 素数と呼ばれている．2016 年 1 月に更新された 2016 年 4 月時点の「知られている最大の素数」の記録も $2^{74207281}-1$ なる Mersenne 素数である．よく知られた M_q 型の自然数に対する Lucas-Lehmer の素数判定法に基づいて，米国の Curtis Cooper 氏の主導の下，数多くの協力者の助けを借りた分散型コンピューティングによって検証された．

　素数に関する話題は広く膨大である．アルゴリズムや計算量からの興味を中心としつつ素数に関する幅広い内容を含む書籍として，[14] を挙げておきたい．

4.2●ゼータ値の登場

　スイスで活躍した Bernoulli 一族は多くの数学的結果を残して数学史上に輝いている．中でもよく知られた Bernoulli 兄弟の兄 Jakob Bernoulli は，1689 年に調和級数

$$\sum_{k=1}^{\infty} \frac{1}{k} = 1 + \frac{1}{2} + \frac{1}{3} + \frac{1}{4} + \frac{1}{5} + \cdots \tag{4.3}$$

は無限大に発散することを厳密に証明した[3]．Jakob は無限級数に強い興味を持っており，幾何級数

$$1 + x + x^2 + x^3 + \cdots = \frac{1}{1-x}, \quad |x| < 1$$

はもちろんのこと，

$$\sum_{k=1}^{\infty} \frac{k^2}{2^k} = 6, \quad \sum_{k=1}^{\infty} \frac{k^3}{2^k} = 26 \tag{4.4}$$

などの収束する級数値も求めていた[4]．このように，無限級数に情熱を持ち，腕に覚えがあった Jakob Bernoulli は，（4.3）式の分母のベキを平方に変えた無限級数

---

2) もちろん，この型の自然数がいつも素数というわけではない．例えば，q が合成数ならば M_q は合成数であるし，q が素数でも M_q は素数とは限らない．例えば，$M_{11} = 2047 = 23 \times 89$.

3) 実際は，Jakob の発見より 40 年も前に Mengoli によってこの発散は示されていたことが判明している．

4) もちろん，現代の我々はこれも幾何級数の公式を微分することですぐに計算できる．

$$\sum_{k=1}^{\infty} \frac{1}{k^2} = 1 + \frac{1}{2^2} + \frac{1}{3^2} + \frac{1}{4^2} + \frac{1}{5^2} + \cdots \tag{4.5}$$

にも興味を持って挑戦し，この無限級数を次の

$$1 + \sum_{k=2}^{\infty} \frac{1}{k(k-1)} = 1 + \sum_{k=2}^{\infty} \left(\frac{1}{k-1} - \frac{1}{k} \right) = 2$$

で抑えることで，(4.5)式は有限な値に収束することを示した．(4.5)式の値を $\zeta(2)$ と記すとき，$\zeta(2)$ の真の値を知る問題は彼にも難しかったようで，断念して後世の人に託す形でこの問題を提唱した[5]．この問題は，Bernoulli 一族の拠点であるスイスの都市バーゼルにちなんでバーゼル問題と呼ばれた．17 世紀の終わりから 18 世紀にかけて，Goldbach を始め多くの人が近似値を計算した記録もあるが，かの Leibniz ですら「$\zeta(2)$ の正体」は答えられなかったようである．

このような時代背景のもと，Euler が登場しバーゼル問題を解決したのである．1707 年にバーゼルに生まれ 1783 年に現在のロシアのサンクトペテルブルクに没した数学の巨人 Euler は，数学や天文学，物理学の広い分野で活躍し膨大な著作を残した．1911 年から出版され始めた彼の全集は 73 巻，25000 ページを超えており，書簡や手記の巻は今も未出版である．第 2 章でも紹介したように，虚数単位 i を始め現代数学で使われている数学の記号で Euler に端を発するものも多い．Euler の数学研究全般に関する手軽な参考文献としては，例えば [15] を挙げておきたい．

さて，Euler も直ちに「$\zeta(2)$ の正体」を突き止めたわけではない．1731 年には，項別積分，対数関数の積分，幾何級数などを駆使して，

$$\zeta(2) = \sum_{k=1}^{\infty} \frac{1}{k^2 2^{k-1}} + (\log 2)^2$$

という式を得ている．収束が遅い(4.5)式の級数を収束が速く近似計算しやすい級数で表すこれらの研究ののち，1736 年に $\zeta(2) = \dfrac{\pi^2}{6}$ であることを発見して，若き Euler の名を当時のヨーロッパ数学界に知らしめた．誰にとっても，$\zeta(2)$ の級数がこのように円周率の平方で表されることを予期するのは難しかっただろう．

Euler はどのような議論を行ったのだろうか？　まず，普通の多項式

---

5) 実は，この問題も Mengoli が既に提起していたらしい．

$$f(X) = 1 + a_1 X + \cdots + a_d X^d$$

の根を $\alpha_1, \cdots, \alpha_d \in \mathbb{C}$ とすると，次のような因数分解があった：

$$f(X) = \prod_{i=1}^{d} \left(1 - \frac{X}{\alpha_i}\right).$$

さて，$\sin X$ は各整数 k ごとに $X = k\pi$ で零となり，それ以外では零値をとらない．また

$$(\sin X)'|_{X=k\pi} = (\cos X)|_{X=k\pi} = 1$$

より，上述の零点たちはみな 1 位の零点である．Euler は，多項式の因数分解の類似によって，次の「無限因数分解」

Leonhard Euler
(1707-1783)

$$\sin X = X \prod_{k=1}^{\infty} \left(1 - \frac{X^2}{k^2\pi^2}\right)$$

が成り立つと考えた．そして，それは後述のように現代的にも正当化される．一方で，微分積分における微分可能関数の「Taylor 展開」の理論により，$\sin X$ は

$$\sin X = X - \frac{X^3}{3!} + \frac{X^5}{5!} - \frac{X^7}{7!} + \cdots = \sum_{k=1}^{\infty} \frac{(-1)^{k-1} X^{2k-1}}{(2k-1)!}$$

とベキ級数展開を持つ．先の「無限因数分解」とこの「Taylor 展開」を合わせると

$$X - \frac{X^3}{3!} + \frac{X^5}{5!} + \cdots = X \prod_{k=1}^{\infty} \left(1 - \frac{X^2}{k^2\pi^2}\right) \tag{4.6}$$

なる式が得られる．$X^3, X^5, X^7, \cdots$ の係数を比べて

$$\frac{1}{3!} = \frac{1}{\pi^2} \sum_{1 \leq k < \infty} \frac{1}{k^2}$$

$$\frac{1}{5!} = \frac{1}{\pi^4} \sum_{1 \leq k < l < \infty} \frac{1}{k^2 l^2}$$

$$\frac{1}{7!} = \frac{1}{\pi^6} \sum_{1 \leq k < l < m < \infty} \frac{1}{k^2 l^2 m^2}$$

$$\vdots$$

が得られる．1 行目からただちに

51

$$\zeta(2) = \frac{\pi^2}{6}$$

がわかり，バーゼル問題が解決する．また，$n \geq 3$ でも $\zeta(n) = \sum\limits_{k=1}^{\infty} \frac{1}{k^n}$ とおくと，この値は $\zeta(2)$ より小さな正の実数であり，上の2行目の右辺は，組合せ論的な考察から $\frac{1}{2}(\zeta(2)^2 - \zeta(4))$ であるから

$$\zeta(4) = \left(\zeta(2)^2 - \frac{2\pi^4}{5!}\right) = \frac{\pi^4}{90}.$$

同様の組合せ論的な考察から

$$\zeta(6) = \left(\zeta(2)^3 - 3\left(\sum_{1 \leq k < \infty} \frac{1}{k^2}\right)\left(\sum_{1 \leq k < l < \infty} \frac{1}{k^2 l^2}\right) + 3\left(\sum_{1 \leq k < l < m < \infty} \frac{1}{k^2 l^2 m^2}\right)\right)$$

$$= \left(\frac{\pi^6}{6^3} - 3\frac{\pi^2}{6}\frac{\pi^4}{5!} + 3\frac{\pi^6}{7!}\right)$$

$$= \frac{\pi^6}{945}$$

を得る．帰納的な議論により，各自然数 m に対して，

$$\zeta(2m) = (有理数) \times \pi^{2m} \tag{4.7}$$

がわかる．Euler は，$n = 26$ までの偶数で，$\zeta(n)$ を計算して具体的な値を書き残している．

　さて，上の「無限因数分解」は，現代的には「無限積」と呼ばれる．無限積は一般には意味をなさないこともあるが，しかるべき条件下では「厳密に正当化」される[6]．Euler の時代にはそういった理論は知られていなかったにも関わらず，彼の無限に関する優れた代数的直感によって，危ない橋を渡っているような計算を行いながらも，不思議といつも正しい結果を得ている．一方で，Euler は彼の議論が同時代の数学者に受け入れられるかどうかを心配してか，上の結果に対するいくつかの別証明も発表している．

4.3● ゼータ値の無理性と超越性

　前章で論じたように π は超越数なので，(4.7)式より正の偶数でのゼータ値 $\zeta(2m)$ は超越数である．正の整数 n が奇数のときの $\zeta(n)$ の無理性や超

6）正当化される条件については，[16, V 章 §6] などを参照のこと．

越性に関する知識に関しては長らく進歩がなかったので，フランスの数学者 Apéry による以下の結果は非常に衝撃的であった[7]．

定理 4.2（Apéry/1978 年）

$\zeta(3)$ は無理数である．

前章で紹介した Liouville の定理より，有理数は有理数列によって効率的に近似できないので，もし $\dfrac{a_n}{b_n} \neq x$ かつ $n \to \infty$ で $|b_n x - a_n| \to 0$ となる整数からなる数列 $\{a_n\}, \{b_n\}$ があれば，x は無理数である．Apéry は，

$$p_{k,n} = \sum_{l=1}^{k} \frac{(-1)^{l-1}}{2l^3 \binom{n}{l}\binom{n+l}{l}} + \sum_{l=1}^{n} \frac{1}{l^3}$$

$$q_n = \sum_{k=1}^{n} \binom{n}{k}^2 \binom{n+k}{k}^2 p_{k,n},$$

$$r_n = \sum_{k=1}^{n} \binom{n}{k}^2 \binom{n+k}{k}^2,$$

$s_n = \{1, 2, \cdots, n\}$ の最小公倍数，

なる q_n, r_n, s_n を用いて $a_n = 2q_n s_n^3$，$b_n = 2r_n s_n^3$ と定めることで，$\dfrac{a_n}{b_n} \neq \zeta(3)$ かつ $n \to \infty$ で

$$|b_n \zeta(3) - a_n| \to 0 \tag{4.8}$$

となる整数の列 $\{a_n\}, \{b_n\}$ を見つけたのである．このような $\{a_n\}, \{b_n\}$ は簡単に見つかるものでもなく，Apéry 以前にこの方法で $\zeta(3)$ の無理性に正面から果敢に挑んだ人は見当たらない．ただ，1978 年の Luminy の研究集会での Apéry の講演では，最も肝要な Apéry の数列 $\{a_n\}, \{b_n\}$ が (4.8) 式をみたすことの証明の詳細が誰にも追跡できず，聴衆は結果自体にも懐疑的であったようである．その後 2 か月ほどの間に，この講演に刺激を受けた Cohen，van der Poorten，Zagier らが協力し合って，賢く巧みな数列の操作に

---

7) 実は，それから 40 年足らずの時を経た 2016 年現在でも奇数のゼータ値の無理性や超越性に関する進展はほとんどない．

よって $\{a_n\}, \{b_n\}$ が(4.8)式をみたすことの簡明かつ明晰な証明を得た[8].

　数学の研究では，未解決問題が解けると，時をおかずに他の数学者によってはるかに簡単で美しい別証明が見つかることがある．数学の未解決問題はその時代の数学水準で解ける問題なのかもわからず，挑戦するには勇気と精神力が必要である．解ける問題ならば心理的な障害が大きく減るからなのかもしれない．

　$\zeta(3)$ の無理性も，実は Beukers がすぐ後で別証明を発表した．まず，$\log 2, \pi, \zeta(2)$ のなどの実数 α に対して，次のような良い性質を持つ関数 $f(x)$ を見つければ無理性を示すことができる．

1. 勝手な自然数 j で，ともに 0 でない有理数 r_j, s_j が存在して
$$\int_0^1 x^j f(x) dx = r_j + s_j \alpha$$
となる．さらに，各自然数 k で $\{r_1, \cdots, r_k, s_1, \cdots, s_k\}$ の分母の最小公倍数はあまり大きくない自然数 c_k の約数となる．

2. $k \to \infty$ で
$$\frac{c_k}{k!} \int_0^1 x^k (1-x)^k \frac{d^k f(x)}{dx^k} dx \to 0 \tag{4.9}$$
となる．

　この二つの性質のもとでは，
$$P_k(x) = \frac{1}{k!} \frac{d^k}{dx^k} (x^k(1-x)^k)$$
とおくと，部分積分を繰り返して，
$$\int_0^1 P_k(x) f(x) dx = \frac{1}{k!} \int_0^1 x^k (1-x)^k \frac{d^k f(x)}{dx^k} dx \tag{4.10}$$
となる．$P_k(x)$ が整数係数の k 次多項式なので上の性質を組み合わせて望む数列が得られる寸法である．実際，$\log 2, \pi, \zeta(2)$ の無理性を示すには，それぞれ

---

8) van der Poorten による *A proof that Euler missed⋯Apéry's proof of the irrationality of $\zeta(3)$, An informal report.* Math. Intelligencer 1(1978/79), no. 4, pp. 195-203 を参照のこと．

$$f(x) = \frac{1}{1-x}, \quad f(x) = \sin \pi x, \quad f(x) = \int_0^1 \frac{1}{1-xy}dy$$

を考えればよい.

今, $g(x,y) = \dfrac{\log xy}{1-xy}$ とおくと, 勝手な自然数 r で

$$\int_0^1 \int_0^1 g(x,y)x^r y^r dxdy = -2\zeta(3) + 2\sum_{k=1}^r \frac{1}{k^3}$$

となり, また勝手な相異なる自然数の組 $r > s$ では, $\displaystyle\int_0^1 \int_0^1 g(x,y)x^r y^s dxdy$ は分母が s_r^3 の約数となる有理数である. Beukers は, 上の議論の (4.10) 式の代わりに

$$\int_0^1 \int_0^1 P_k(x)P_k(y)g(x,y)dxdy$$

を用いて数列を構成することで, 一段階複雑さは上がるが類似の方法で $\zeta(3)$ の無理性を証明した. さて, 既に無理性が知られている $\zeta(4)$ の無理性の別証明を Beukers の議論の方法を真似て行おうとすると, $\zeta(4)$ の近似数列には無理数が混じったり, さらに収束が悪くなる問題が生じる. Apéry や Beukers の方法の延長線上で $\zeta(5)$ を含む先の $\zeta(n)$ の無理性を示すのは難しいようである. ただ, 次の予想が広く信じられている.

予想

　すべての奇数 $n \geqq 3$ で $\zeta(n)$ は超越数である.

　$\zeta(n)$ の無理性や超越性は, いくら近似計算しても, どちらに転ぶかは推測しようがない. なぜ, 予想として多くの人が信じているのだろうか? ここにも, ゼータが現代数論の中心である所以が垣間見られるように思われる. ゼータ値は現代数学の多くの現象と密接に関係し, ゼータ値の背後にはモチーフのヨガやモチーフの重さの哲学, 代数多様体の周期積分の研究の枠組みがある. 多くの人が共有して信じている現代の整数論や数論幾何学の壮大な枠組みや哲学との整合性から, $\zeta(n)$ たちが超越数で, 異なる n での $\zeta(n)$ の間にも代数的な関係式がないことが期待されるのである.

　さて, 個別の $\zeta(n)$ の無理性は停滞しているが, 近年の動きとしては次がある.

定理 4.3（Rivoal/2000 年頃）

無限個の奇数 n で $\zeta(n)$ が無理数となる．さらに，少なくとも $5 \leqq n \leqq 21$ なる奇数のどれかに対して $\zeta(n)$ は無理数となる．

この興味深い結果が出た直後に Zudilin が，$5 \leqq n \leqq 11$ をみたす奇数のどれかに対して $\zeta(n)$ は無理数であることを示した．しかしながら，Zudilin の結果以上の評価の改善は現状では難しいようである[9]．

4.4● ゼータとは何者だろうか

さて，ゼータ値について大事なことがある．Euler は，勝手な正の整数 n でのゼータ値 $\zeta(n)$ が次の表示

$$\sum_{k=1}^{\infty} \frac{1}{k^n} = \prod_{p：素数} \frac{1}{1 - \dfrac{1}{p^n}} \tag{4.11}$$

を持つことを発見し，前にも登場した Euler の著書『無限解析入門』の 15 章で論じている．この素数すべてを渡る無限積表示を $\zeta(n)$ の **Euler 積表示**と呼ぶ．各素数 p での幾何級数表示

$$\frac{1}{1 - \dfrac{1}{p^n}} = 1 + \frac{1}{p^n} + \frac{1}{p^{2n}} + \frac{1}{p^{3n}} + \cdots$$

と本章の最初の節で示した素因数分解の一意性定理によって，証明できる．

Euler はこの驚くべき Euler 積表示を用いて，Euclid による素数の無限性の別証明を与えている．$\zeta(1)$ の (4.11) 式による表示の右辺は，先に論じたように無限大に発散する．一方で，もし仮に素数が有限個だったとすると $n = 1$ での (4.11) 式の右辺は有限の値でなければならない．よって矛盾が生ずるので素数は無限個なければならない．Euler 積表示と $\zeta(2)$ の無理性を用いると，やはり素数の無限性の別証明が得られる．素数が有限個しかなければ，$n = 2$ での (4.11) 式の右辺は，有理数の有限個の積であるから有理数になる．

---

9) Rivoal の結果は Acta Arith. 103.2(2002), pp. 157-167 に出版され，Zudilin の結果は Uspekhi Mat. Nauk 56(2001), no. 4(340), pp. 149-150 に出版されている．

これは $\zeta(2)$ の無理数に矛盾する．ゼータ値にはさまざまな整数論的な情報が隠されている．

前節のゼータ値の仲間や一般化が知られている．最も身近なものを紹介したい．Euler より前に，Leibniz によって 1673 年に証明された[10]無限級数の計算

$$\frac{\pi}{4} = 1 - \frac{1}{3} + \frac{1}{5} - \frac{1}{7} + \frac{1}{9} - \frac{1}{11} + \cdots \qquad (4.12)$$

は実はゼータ値の仲間である．また，それと並んで

$$\log 2 = 1 - \frac{1}{2} + \frac{1}{3} - \frac{1}{4} + \frac{1}{5} + \cdots \qquad (4.13)$$

も有名なゼータ値の仲間である．三角関数 tan の逆関数 $\arctan(x)$ の $x = 1$ での値が $\frac{\pi}{4}$ であり，(4.12)式は現代的には $\arctan(x)$ の Taylor 展開の $x = 1$ での値をとることで求められる[11]．ただ，今のような形で微分積分が整備されなかった当時の Leibniz の目線で彼の議論を追うことも面白いだろう[12]．また，関数 $\log(1+x)$ の $x = 1$ での値が $\log 2$ なので，(4.13)式も $\log(1+x)$ の Taylor 展開の $x = 1$ での値として得られる[13]．

そもそも，ゼータとは何だろうか？　ここではゼータの正確な定義は与えられないが，ゼータの特徴を論じたい．まず，我々は限りなく勝手な無限級数を考えられるが，ゼータはその中でも宝石のように特殊な無限級数である．例えば，先に論じた(4.4)式は，ゼータではない何の変哲もない無限級数である．

まず，ゼータの仲間は Euler 積を持つことが多い．(4.12)式の無限級数も

$$1 - \frac{1}{3^n} + \frac{1}{5^n} - \frac{1}{7^n} + \frac{1}{9^n} - \frac{1}{11^n} + \cdots \qquad (4.14)$$

という級数の族の $n = 1$ の場合である．実は，$n = 1$ のときのみ収束に問題

---

10) 今日では，Leibniz より少し前にイギリス人 Gregory が，はるか前の 14 世紀にインドの数学者 Madhava が，それぞれ独立に(4.12)の結果を得ていたことが知られている．

11) $x = 1$ は Taylor 展開の収束円上の点で，ギリギリで条件収束する．本当は精密な議論が必要である．「$x = 1$ で値をとる」議論の正当化については，例えば[16, Ⅲ章 §4 例 3]を参照のこと．

12) [17]では，Leibniz の「微小三角形」を用いた円の面積の 4 分の 1 の計算を彼の略伝と絡めて生き生きと記述している．

13) 上の Leibniz の等式と同様，「$x = 1$ での値をとる」議論の正当化については，例えば[16, Ⅰ章 §5 例 5]を参照のこと．

があるが，素数 p ごとに $\chi(p) \in \{0, \pm1\}$ を $\chi(2) = 0$，奇素数 p に対しては

$$\chi(p) = \begin{cases} 1 & p \equiv 1 \bmod 4 \\ -1 & p \equiv 3 \bmod 4 \end{cases}$$

と定めると，無限級数(4.14)は

$$\prod_{p:\text{素数}} \frac{1}{1 - \dfrac{\chi(p)}{p^n}}$$

なる Euler 積を持つ．同様に，(4.13)式も Euler 積の解釈があることが知られている．もちろん，Euler 積を持つ無限級数がすべてゼータなわけでもない．

　ゼータ値には Euler 積表示のみならず，さまざまな神秘が隠されている．例えば，

$$\zeta(2) = \frac{\pi^2}{6}, \ \zeta(4) = \frac{\pi^4}{90}, \ \cdots, \ \zeta(12) = \frac{691\pi^{12}}{638512875}, \ \cdots$$

というゼータ値 $\zeta(2m)$ の有理数部分を観察すると，分母の素因数分解には 2006＋1 以下の素数しか現れないが[14]，分子には大きな素数が現れることがある[15]．分子に現れる不思議な素数と代数体のイデアル類群との関係が 20 世紀の整数論研究で解明されている．同様に，$\frac{\pi}{4}$，$\log 2$ などのゼータ値にも代数的整数論からくる意味が潜んでいる．より一般のゼータ値も数論的代数多様体や保型関数と関係していて，背後に深い数論的な意味があることは 11 章と 12 章で紹介したい．

　本章を締めくくる小話になるが，さまざまな数理現象を観察していると不意にゼータ値が顔を出したりする．例えば，固定した 2 以上の自然数 n を考える．自然数 N ごとに

$$S_N^{(n)} = \{(x_1, \cdots, x_n) \in \mathbb{Z}^n \mid |x_i| \le N, \ i = 1, \cdots, n\}$$

とおく[16]．さらに，$S_N^{(n)}$ の部分集合 $T_N^{(n)}$ を

$$T_N^{(n)} = \{(x_1, \cdots, x_n) \in S_N^{(n)} \mid \text{g.c.d.}(x_1, \cdots, x_n) = 1\}$$

とおく．ただし，g.c.d.$(x_1, \cdots, x_n)$ は最大公約数，$\#S_N^{(n)}$，$\#T_N^{(n)}$ は有限集合 $S_N^{(n)}$, $T_N^{(n)}$ の元の個数とする．

14）$\zeta(12)$ の分母は，$3^6 \times 5^3 \times 7^2 \times 11 \times 13$ と素因数分解される．
15）$\zeta(12)$ の分子に現れる 691 は素数である．
16）$S_N^{(n)}$ は元の個数が $(2N+1)^n$ の有限集合である．

N が十分大きく，p は N に比べて十分小さいとき，先の Eratosthenes の篩と同様の考え方によって，p が g.c.d.$(x_1, \cdots, x_n)$ を割る確率はほぼ $\dfrac{1}{p^n}$，逆に p で割れない確率はほぼ $1 - \dfrac{1}{p^n}$ である．厳密な議論は省略するが

$$\lim_{N \to \infty} \frac{\# T_N^{(n)}}{\# S_N^{(n)}} = \prod_{p : \text{素数}} \left(1 - \frac{1}{p^n} \right) = \frac{1}{\zeta(n)}$$

となる．最も素朴な $n = 2$ のときは，勝手にとった二つの整数が互いに素である確率は $\dfrac{1}{\zeta(2)} = \dfrac{6}{\pi^2}$ であると解釈できる．筆者は，学生時代に「高さ」という概念を用いて代数多様体の有理点を数えることを初めて学んだとき，射影空間 $\mathbb{P}^{n-1}$ の高さ N 以下の有理点の個数が $\# T_N^{(n)}$ で，$\dfrac{\# T_N^{(n)}}{\# S_N^{(n)}}$ の $N \to \infty$ での極限にゼータ値が予期せず現れて驚いた個人的体験があったので，高さの言葉を使わずに紹介させていただいた．

ゼータははるか彼方にいて，有名な Riemann 予想，Birch-Swinnerton-Dyer 予想，Langlands 予想など神秘的で難しい予想によって，我々に数論の研究の方向性を指し示したり，我々の数学の水準を引き上げてくれる．一方，さまざまな数理現象に顔を出して世の中いたるところにゼータが宿っているのを感じさせてくれる．我々は，それぞれにゼータとの個人的な付き合いを重ねつつゼータとともに人生を歩み続けている．「ゼータはともだち」である．

第5章

ゼータの登場(2)

　1826 年に現在の北ドイツに位置するプレゼレンツ村に生まれた数学者 Riemann は，肺病によって 1866 年にその 40 年にみたない生涯を閉じたが，その短い生涯の間に，その後の解析学，幾何学，数論の発展の土台となる独創的で豊かな数学的成果を得た[1]．多様体の概念や Riemann 幾何学をはじめ彼が生み出したり本質的に寄与した重要な理論もあり，ほかにも彼の名を冠した術語や定理は数え切れない．また，Riemann は物理学や哲学にもかなり強く傾倒して多くの論文や記述を残している．それらへの傾倒が Riemann の幾何概念の形成に及ぼした影響も興味深く，日本でも近藤洋逸をはじめとした数学史研究がある．

　さて，Riemann が出版した整数論に関する論文は，未出版の草稿などを除くと，1859 年に出版した『Über die Anzahl der Primzahlen unter einer gegebenen Grösse』(与えられた数より小さい素数の個数について)[2] が唯一である．この 10 ページにもみたない論文がゼータ関数を生み出し，その後現在まで 150 年以上の数論研究に決定的な影響を与えた．本章では，この論文を主人公としてゼータ関数が登場した背景を紹介したい．

5.1●Euler 以後，Riemann 以前

　ゼータ値からゼータ関数への昇華には，ゼータ関数 $\zeta(\sigma)$ の実変数 σ を複素変数 s へ拡張することが本質的であった．それを心の底から実感するための準備として，まず Riemann に至る歴史を思い起こしたい．

---

1) Riemann の生涯と数学の研究については，『リーマン 人と業績』(D. ラウグヴィッツ著，山本敦之訳，シュプリンガー・フェアラーク東京)などを参照のこと.
2) [19]に英訳と解説，[21]に細かい注釈入りの和訳がある.

Johann Dirichlet
(1805-1859)

Bernhard Riemann
(1826-1866)

　特筆すべきは，Euler のゼータ値の研究から 100 年ほど後に Dirichlet が行ったゼータとその数論的応用に関する深い研究である．1805 年にドイツのアーヘン近郊の村に生まれ 1859 年に病でこの世を去った Dirichlet は，Gauss の数論研究を引き継いで深化させ，特に解析的整数論の分野の創始者ともみなされている．ゲッチンゲン大学の学生であった若き日の Riemann は，1840 年代の末にベルリン大学に移って Dirichlet の講義を聴講している．Riemann の整数論研究は Gauss と Dirichlet という二人の師から強い影響を受け，その精神を受け継いでいると言える．Dirichlet によるゼータの研究に少しスポットライトを当ててみよう．

　M をある自然数とするとき，$\chi : \mathbb{Z} \longrightarrow \mathbb{C}$ が

$$\begin{cases} 勝手な整数\ a, b\ に対して\ \chi(ab) = \chi(a)\chi(b), \\ a \equiv b \bmod M\ ならば\ \chi(a) = \chi(b), \\ (a, M) = 1 \overset{同値}{\Longleftrightarrow} \chi(a) \neq 0 \end{cases}$$

をみたすとき，χ を M を法とする **Dirichlet 指標**と呼ぶ．定義から簡単にわかるが，χ の値は 0 か 1 のベキ根に等しい．また，$\varphi(M)$ を M と素な M 以下の自然数の個数と定め，M を法とする Dirichlet 指標の集合を $\mathfrak{C}_M$ で記すと，$\#\mathfrak{C}_M = \varphi(M)$ である．

　Dirichlet は，実変数 $\sigma > 1$ を持つ関数 $L(\sigma, \chi)$ を

$$L(\sigma, \chi) = \sum_{n=1}^{\infty} \frac{\chi(n)}{n^{\sigma}}$$

で定めた．**Dirichlet の L 関数**と呼ばれ，現代ではいつも複素変数 s の関数と

して定義するが，Dirichlet は，実変数のみで定義された複素数値関数として
定義した．M と素なすべての整数 a で $\chi(a) = 1$ となる χ を $\mathbf{1}_M$ と記す．定
義より，勝手な自然数 n で

$$
L(n, \mathbf{1}_M) = \prod_{p:素数, p \mid M} \left(1 - \frac{1}{p^n}\right) \zeta(n) \tag{5.1}
$$

が確かめられるので，Dirichlet の L 関数は後述の Riemann のゼータ関数の
一般化とみなせる．次の定理は Legendre (1752-1833)が 1785 年に予想して，
Dirichlet が 1837 年に証明を公表したものである．

定理 5.1（Dirichlet の算術級数定理）
　互いに素な自然数 M と a を勝手にとるとき，$p \equiv a \bmod M$ となる
素数 p は無限個存在する．

　証明は，ゼータ値 $L(1, \chi)$ を用いた解析的手法であり，$\zeta(1)$ を用いた Eu-
ler による素数の無限性の証明の発展形である．

証明の概略

　実数 $\sigma > 1$ で Euler 積

$$
L(\sigma, \chi) = \prod_{p:素数} \frac{1}{1 - \dfrac{\chi(p)}{p^{\sigma}}}
$$

の両辺の log をとり，等式

$$
-\log(1-z) = 1 + z + \frac{z^2}{2} + \cdots \qquad (|z| < 1)
$$

を用いると，

$$
-\log L(\sigma, \chi) = \sum_{p:素数} \frac{\chi(p)}{p^{\sigma}} + \sum_{p:素数} \left(\sum_{n=2}^{\infty} \frac{\chi(p)^n}{np^{n\sigma}}\right) \tag{5.2}
$$

が得られる．(5.2)式の右辺の第 2 項に対して

$$
\left| \sum_{p:素数} \left(\sum_{n=2}^{\infty} \frac{\chi(p)^n}{np^{n\sigma}}\right) \right| \leqq \sum_{p:素数} \left(\sum_{n=2}^{\infty} \frac{1}{np^{n\sigma}}\right)
$$

なる不等式があり，$\sigma \geqq 1$ でのこの右辺の値は

$$\sum_{n=2}^{\infty} \sum_{k=2}^{\infty} \frac{1}{n^k} = \sum_{n=2}^{\infty} \frac{1}{n^2}\left(\frac{1}{1-\dfrac{1}{n}}\right) = \sum_{n=2}^{\infty} \left(\frac{1}{n-1}-\frac{1}{n}\right) = 1$$

で抑えられる．特に(5.2)式の右辺の第2項は有限であるから，次の同値性が成り立つ．

$$\log L(1,\chi) \text{ が有限} \Longleftrightarrow \sum_{p:\text{素数}} \frac{\chi(p)}{p} \text{ が有限} \tag{5.3}$$

自然数 a で M と素なものに対して，次の等式がある．

$$\frac{1}{\varphi(M)} \sum_{\chi \in \mathfrak{C}_M} \overline{\chi}(a) \log L(\sigma,\chi)$$

$$= \sum_{\substack{p:\text{素数} \\ p \equiv a \bmod M}} \frac{1}{p^\sigma} + \sum_{\chi \in \mathfrak{C}_M} \overline{\chi}(a) \sum_{p:\text{素数}} \left(\sum_{n=2}^{\infty} \frac{\chi(p)^n}{np^{n\sigma}}\right) \tag{5.4}$$

ただし，$\overline{\chi}$ は χ の複素共役で定まる Dirichlet 指標である．(5.4)式の証明はフーリエ逆変換の形式的な議論であるが，言葉の準備を省くために，$M=4$ の場合に限って示そう[3]．$\#\mathfrak{C}_4 = 2$ なので，χ_4 を $\mathbf{1}_4$ 以外の唯一の $\mathfrak{C}_4$ の元とする．各奇素数 p で

$$\mathbf{1}_4(a)\mathbf{1}_4(p) + \overline{\chi_4}(a)\chi_4(p) = 1 + \overline{\chi_4}(a)\chi_4(p)$$

の値は，$p \equiv a \bmod 4$ なら 2，それ以外で 0 なので，

$$\mathbf{1}_4(a) \sum_{p:\text{素数}} \frac{\mathbf{1}_4(p)}{p^\sigma} + \overline{\chi_4}(a) \sum_{p:\text{素数}} \frac{\chi_4(p)}{p^\sigma} = \varphi(4) \sum_{\substack{p:\text{素数} \\ p \equiv a \bmod 4}} \frac{1}{p^\sigma}$$

となる．よって，(5.2)式の両辺に $\overline{\chi}(a)$ をかけて $\chi \in \mathfrak{C}_4$ に関して和を取ると，(5.4)式が得られる．

　Dirichlet の定理の証明の最も大事なポイントは

$$\chi \neq \mathbf{1}_M \text{ ならば，} L(1,\chi) \text{ は有限で } L(1,\chi) \neq 0 \tag{5.5}$$

を示すことである．証明は省いて(5.5)式を認めると，(5.4)式の左辺のすべての $\chi \neq \mathbf{1}_M$ で $\log L(1,\chi) \neq \pm\infty$，一方で(5.1)式より $L(1,\mathbf{1}_M) = \infty$ である．よって，(5.4)式の左辺は無限である．(5.4)式の右辺の第2項は有限であるから(5.4)式の右辺の第1項は無限でなければな

---

3) この場合に理解すると一般の場合も想像が効くかもしれない．真似をして一般の場合の証明を試みたり，後で紹介する文献で一般の場合を学んでいただきたい．

らず，Dirichlet の算術級数定理の結論が従う[4]．　　　　　　□

　定理 5.1 の証明で最も大変なのは (5.5) 式を示すことなので，一般の M で
の (5.5) 式の簡単な概説と Dirichlet 算術級数定理に関する文献案内を与えた
い．(5.5) 式の Dirichlet 自身による証明は，2 次体のゼータを用いていた．
$\chi \in \mathfrak{C}_M \setminus \{\mathbf{1}_M\}$ たちを，実数値のみを取る χ たち，実数でない値も取る χ たち
の二つに分けよう．前者の χ では $\chi^2 = \mathbf{1}_M$ となるので，ある $d \mid M$ が存在し
て $L(\sigma, \mathbf{1}_M) L(\sigma, \chi)$ が 2 次体 $\mathbb{Q}(\sqrt{d})$ のゼータ関数 "$\zeta_{\mathbb{Q}(\sqrt{d})}(\sigma)$" になる[5]．2 次
体のゼータ関数の $\sigma \to 1$ での振る舞いによって $L(1, \chi) \neq 0$ を導いた．後者
の χ では $L(1, \chi) = 0$ ならば $L(1, \bar{\chi}) = 0$ でもある．このように，少なくと
も二つは零点が生じてしまう事実より矛盾を導いた[6]．

　Dirichlet のもとの議論と近い証明は，高木貞治著の『初等整数論講義』や
河田敬義著の『数論』に見つけられる．2 次体のゼータ関数を表に出さない
書き方としては，セール著の『数論講義』や T. Apostol 著の『Introduction to
Analytic Number Theory』がある．Dirichlet の算術級数定理には多くの文
献があり，一番大事な (5.5) 式の証明は文献ごとに違う流儀や細かな変種が
あるので比べると趣が感じられるかもしれない．

　例えば，$M = 4$, $a = \pm 1$ のとき，第 1 章の Euclid の証明を真似して，
mod M で a と合同な素数 $p_1, \cdots, p_k$ たちの積を用いて初等的かつ構成的に
mod M で a と合同な新しい素数 p を見つける証明も可能である[7]．このよう
な Euclid 的な証明が可能な (a, M) の特徴づけも研究されているが[8]，一般
には解析的な手法を用いずに示すのは難しいだろう．

　Dirichlet は当時の水準では厳密な数学者であり，条件収束と絶対収束の違
いに気をつけてゼータを実変数の関数として巧みに扱った．ただ，Dirichlet
の研究はゼータの値のみに限定されており，複素関数論を自由に用いてゼー

---

4) $M = 4$ のとき，$L(1, \chi_4)$ は，前章で論じたように，Leibniz によって $\frac{\pi}{4}$ に等しかった．かくし
　て，Leibniz により (5.5) 式が従う．
5)「代数体のゼータ関数」は後世の Dedekind によって定義される．
6) 初等的な計算のみで矛盾を導く証明や，上と同様に積を考えて 1 の M 分体のゼータ関数を用
　いて矛盾を導く証明がある．
7) 例えば，上述の『初等整数論講義』にも証明があるが，練習問題として試みられたい．
8)「Euclid's Theorem on the Infinitude of Primes: A Historical Survey of its Proofs（300 B.C.-
　2012）」Romeo Meštrović, arXiv: 1202.3670v2 を参照のこと．

タ関数の大域的な様子に興味が向かうには少し時代が早かったかもしれない．複素平面上の大域的な関数としてのゼータの登場には，以下で紹介する Riemann の降臨を待たねばならない．

5.2● 複素関数の世界

先述のように Riemann のゼータ研究の革新性において複素関数論が本質的であった．複素関数論は，今日では常識となったが Riemann の時代にはまだその黎明期であった．Riemann 自身も複素関数論の基礎づけに寄与しつつ，同時代の研究者の仕事に影響を受けている．特に Riemann の論文を語るために大事なものに絞って，複素関数論を思い出しておきたい．

5.2.1……… 複素平面

第2章でも触れたように，複素数は，3次方程式の解のベキ根で表す Cardano の公式の理解のために Bombelli によって用いられ，Euler (1707-1783) などを通して浸透した．複素数 $z = x + y\sqrt{-1}$ の実部と虚部 $x, y \in \mathbb{R}$ を $\mathrm{Re}(z), \mathrm{Im}(z)$ と記す．実部と虚部を軸とする複素平面は，スイス人の書籍商 Argand が 1806 年の著者で導入して複素数の代数演算と幾何表示の関係を説明していた[9]．Argand は 1814 年には代数学の基本定理の証明も発表したが，厳密性の欠如や間違いがあった．さて，Gauss(1777-1855)は，代数学の基本定理を示した 1799 年の学位論文で既に複素数の幾何表示を暗に用いていたが，複素平面の考え方を初めて公表したのはずっと後の 1831 年の 4 乗ベキ剰余に関する論文であった．彼が複素平面の応用上の重要性を明確かつ比較的厳密に理解していたこと，早くからそれを認識していた痕跡が残されていること，複素平面の普及に Gauss の権威が効いたことより Gauss 平面と呼ぶこともある[10]．

---

9) 1797 年にデンマーク系ノルウェー人の測量師 Wessel も，複素数を複素平面のベクトルとみなす論文を発表したが，1世紀後にフランス語訳が出るまでほとんど認識されていなかった．
10) 複素数の複素平面表示のより詳しい歴史的経緯については，『ブルバキ数学史〈下〉』(ちくま学芸文庫)や『黄色いチューリップの数式』(バリー・メーザー著，角川書店)などを参照のこと．

5.2.2 Cauchy の積分公式

複素変数に関する微分可能な関数を正則関数と呼ぶ．向きが付いた閉曲線 C で囲まれる複素平面の領域 D で定義された正則関数 $f(z)$ と D 内の点 a に対して，Cauchy(1789-1857)[11] は，1825 年に次の積分公式を示した：

$$2\pi i f(a) = \int_C \frac{f(z)}{z-a} dz. \tag{5.6}$$

$f(z)$ が点 a でちょうど n 位の零点を持つとき[12]，a の周りで正則な関数 $g(z)$ が存在して $g(a) = n$ かつ $\dfrac{f'(z)}{f(z)} = \dfrac{g(z)}{z-a}$ となるので，(5.6)式より，

$$\frac{1}{2\pi i}\int_C \frac{f'(z)}{f(z)} dz = D \text{内の} f(z) \text{の零点の(重複度込みの)数} \tag{5.7}$$

もわかる．先の複素平面とも関連する大事な注意として，Cauchy 自身は複素数を形式的に扱っており，例えば $\int_{-\infty}^{+\infty} \dfrac{\cos x}{x^2+1} dx$ のような初等関数の実定積分計算への応用が，彼の(5.6)式へのおもな興味と動機であった．実は，1825 年の論文では曲線 C として，長方形領域

---

11) Cauchy に関しては，高木貞治著『近世数学史談』の 13, 14 節も面白い．
12) a の周りで $\dfrac{f(z)}{(z-a)^n}$ が正則で $\lim\limits_{z \to a} \dfrac{f(z)}{(z-a)^n} \neq 0$ のとき，$f(z)$ は $z=a$ で n 位の零点を持つという．

$$\{s \in \mathbb{C} \mid A \leq \mathrm{Re}(s) \leq A', \ B \leq \mathrm{Im}(s) \leq B'\}$$

の周を反時計回りに回る経路のみを扱っており，当初は実変数と虚変数に分離した線積分を考えていた．彼の 1831 年の論文で C として円周をとること，1845 年の論文で C として一般の閉曲線をやっと許している．

5.2.3……解析接続の原理

Weierstrass（1815-1897）は幾何的直感に訴えず代数的記述で複素関数論を厳密に基礎づけた．複素平面の点 a の周りで定まる正則関数を適当な収束半径のベキ級数

$$a_0 + a_1(z-a) + a_2(z-a)^2 + \cdots$$

と捉えると，その零点たちは孤立していることがわかる．このことから，「複素平面の領域 D 上の正則関数 $f(z)$ が D' 上の正則関数 $g(z)$ と $D \cap D'$ 上で一致すれば，$\tilde{f}(z)$ で $\tilde{f}|_D = f$，$\tilde{f}|_{D'} = g$ となる $D \cup D'$ 上の正則関数 $\tilde{f}$ が一意に存在する」という解析接続の原理が得られる．Weierstrass は 1856 年頃の論文でこのような原理を述べている．

5.3●素数の分布と素数定理

前章で見たように，与えられた正の実数 x に対して

$\pi(x) = x$ より小さい素数の個数

と定める．N を止めて n を大きくしたときの区間 $[n, n+N]$ 内の素数の個数は n が大きくなると減っていく傾向がある．ただ，ときに $[n, n+N]$ には素数がまったく現れずその先でまた多く現れたりなど，$\pi(x)$ には不規則な振る舞いが観測される．にもかかわらず，実数 $x > 0$ を変数とする関数 $f(x), g(x)$ に対して関係 $f(x) \sim g(x)$ を $\displaystyle\lim_{x \to \infty} \frac{f(x)}{g(x)} = 1$ で定めるとき，以下の定理が得られている．

定理 5.2（素数定理）

$\pi(x) \sim \dfrac{x}{\log x}$ が成り立つ．

素数定理は，Legendre や Gauss によって 18 世紀の終わり頃に予想され，

Riemann の研究を経て，1896 年に Hadamard と de la Valée Poussin がゼータ関数の零点の分布の様子を用いて独立に証明した．その証明では「複素関数論」と「ゼータ関数」が非常に本質的な役割を演じている．

いくつかの補足と注意を与えたい．最初に，Gauss が予想した素数定理は

$$\pi(x) \sim \mathrm{Li}(x) := \int_2^x \frac{1}{\log t} dt \tag{5.8}$$

なる式であった[13]．微積分でよく知られた L'Hôpital（ロピタル）の定理より直ちに $\frac{x}{\log x} \sim \mathrm{Li}(x)$ が示せる（巻末補注参照）ので，定理 5.2 と Gauss が予想した素数定理は同値である．また，$\frac{x}{\log x}$ はわかりやすく，手で計算しやすいが，$x \to \infty$ での $\pi(x)$ への近づき方は $\mathrm{Li}(x)$ よりずっと遅く，近似の精度はあまり良くない．数値例でも，

$$\pi(10^3) = 168, \quad \mathrm{Li}(10^3) \fallingdotseq 176.5, \quad \frac{10^3}{\log 10^3} \fallingdotseq 144.7$$

$$\pi(10^4) = 1229, \quad \mathrm{Li}(10^4) \fallingdotseq 1245.1, \quad \frac{10^4}{\log 10^4} \fallingdotseq 1085.7$$

$$\pi(10^5) = 9592, \quad \mathrm{Li}(10^5) \fallingdotseq 9628.7, \quad \frac{10^5}{\log 10^5} \fallingdotseq 8685.8$$

となり，$x = 10^5$ で，$\mathrm{Li}(x)$ の誤差は 1% を切るが，$\frac{x}{\log x}$ の誤差はまだ 10% を切らない．

Chebyshev は 1850 年ごろに，次の不等式：

$$0.92129 < \liminf_{x \to \infty} \frac{\pi(x)}{\frac{x}{\log x}} \le 1 \le \limsup_{x \to \infty} \frac{\pi(x)}{\frac{x}{\log x}} < 1.105548 \tag{5.9}$$

と，$\lim_{x \to \infty} \frac{\pi(x)}{\frac{x}{\log x}}$ がもし存在すればその極限値は 1 であることを証明した．また，その証明の過程で，「Bertrand 仮説：勝手な自然数 n で $n \le p \le 2n$ なる素数 p が存在する」も示した．Chebyshev は，素数定理の証明の完成に近かったと見えるかもしれないが，実は素数定理の証明でこの極限の存在が一番難しく本質的である．

---

13) Gauss は自然数を 1000 ずつ区切って観察し，実数 x の周りの数が素数である確率が $\frac{1}{\log x}$ であると見抜いたようである．

「複素関数論」と「ゼータ関数」のどちらも用いない意味での「素数定理の初等的証明」が，1948 年に Erdős-Selberg によって示された[14]．ただ，「初等的証明」とは使う道具が初等的というだけであって，議論が単純というわけではない．一方，今では Newman-Zagier による素数定理の簡略な証明[15] もあり，複素関数論とゼータ関数を用いるが，大学初年級の水準の数学だけで 2 ページほどで示される．

ゼータ関数を用いた解析的手法では，単に $x \to \infty$ での「比 $\dfrac{\pi(x)}{\mathrm{Li}(x)}$ の漸近挙動」がわかるだけでなく，「誤差 $\pi(x) - \mathrm{Li}(x)$」が精緻にわかることにも注意したい．de la Valée Poussin 自身が既に，適当な定数 c によって

$$\pi(x) - \mathrm{Li}(x) = O(x \cdot \exp(-c\sqrt{\log x})) \tag{5.10}$$

を示しており[16]，その後多くの人々が，ゼータ関数を用いる解析的手法で誤差 $\pi(x) - \mathrm{Li}(x)$ のさらに精密な評価を得ている．「初等的証明」でもこの誤差評価の若干の精密化が試みられているが，解析的手法よりかなり弱い結果しか得られていない．

例えば，デュドネ編『数学史——1700-1900（1）』（岩波書店）の第 V 章に非常に整理されて情報としても密な素数定理の研究の進展の歴史概説がある．

5.4●Riemann の原論文とゼータ関数

Euler, Dirichlet, Chebyshev らはいずれもゼータを実変数の関数として扱っており，得られる結果にも限界があった．Rimennn はゼータが複素平面に広がりたい気持ちを感じ取り，冒頭で紹介した 1859 年の論文において複素変数 s を持つゼータ関数 $\zeta(s)$ を定義した[17]：

$$\zeta(s) := \sum_{n=1}^{\infty} \frac{1}{n^s} = \prod_{p:\text{素数}} \frac{1}{1 - \dfrac{1}{p^s}}. \tag{5.11}$$

---

[14]「An elementary proof of the prime number theorem」(A. Selberg 著, Ann. of Math. 50(1949)pp. 305-313.)

[15]「Newman's Short Proof of the Prime Number Theorem」(D. Zagier 著,『The American Mathematical Monthly』, Vol. 104, No. 8, pp. 705-708, 1997.)を参照のこと．

[16]「Landau の記号」$f(x) = O(g(x))$ は $\limsup_{x \to +\infty} \dfrac{|f(x)|}{g(x)} < +\infty$ となることを意味する．

[17] 実はこの論文で初めて ζ の記号が現れた．$L(s, \chi)$ の記号は，Dirichlet の L_1, L_2, L_3 に準じた Landau の本によるらしい．

この級数は $\mathrm{Re}(s) > 1$ で定義され，素因数分解の一意性定理によって，右辺の Euler 積表示を持つ．Riemann の論文は，順に次のことを述べている．

1. $\zeta(s)$ の $\mathbb{C} \backslash \{1\}$ への解析接続と関数等式．
2. $\zeta(s)$ の零点の分布や個数の漸近挙動．
3. 素数分布関数 $\pi(x)$ に関する表示式．

ただ，これらのうち原論文に証明と言えるものがあるのは項目 1 だけで，項目 2, 3 の内容に関する Riemann の議論は不完全であったり証明がない．そして，それらの多くは後世に別の数学者によって証明された．

5.4.1 ⋯⋯ 解析接続と関数等式

Riemann の論文のゼータの解析接続と関数等式は，今日「Contour 積分の手法」と呼ばれる積分表示を用いる第一証明，「テータ関数の関数等式」を用いる第二証明がある．第一証明の Contour 積分はゼータの整数点での値を計算する強力な手法であり，第二証明はゼータ関数をモジュラー形式の原型であるテータ関数に結びつけている．どちらも豊かな鉱脈を有する示唆に富んだ証明であるが，Contour 積分の手法は第 11 章で詳しく説明するのでここでは後者の方法のみ説明したい．まず，ガンマ関数

$$\Gamma(s) = \int_0^\infty e^{-t} t^{s-1} dt \tag{5.12}$$

を思い出そう．この積分は $\mathrm{Re}(s) > 0$ で積分が絶対収束するので，$\Gamma(s)$ のもともとの定義域は $\mathrm{Re}(s) > 0$ である．ただ，簡単に確かめられる関数等式 $\Gamma(s+1) = s\Gamma(s)$ で，定義域を $\mathrm{Re}(s) > -1$ の 0 以外の点に解析接続できる．この定義域の拡張を繰り返して，$\Gamma(s)$ は $\mathbb{C} \backslash \{0, -1, -2, \cdots\}$ で定義される．$\Gamma(1) = 1$ と関数等式 $\Gamma(s+1) = s\Gamma(s)$ より，正の整数 n では $\Gamma(n) = (n-1)!$，0 以下の整数では $\Gamma(s)$ は 1 位の極を持つ[18]．(12) 式を t から $\pi n^2 t$ へ変数変換して計算すると直ちに次を得る：

---

18) a の周りで $(z-a)^n f(z)$ が正則で $\lim\limits_{z \to a}(z-a)^n f(z) \neq 0$ のとき，$f(z)$ は $z = a$ で n 位の極を持つという．

$$\pi^{-\frac{s}{2}}\Gamma\left(\frac{s}{2}\right)\frac{1}{n^s} = \int_0^\infty e^{-\pi n^2 t} t^{\frac{s}{2}-1} dt.$$

今，テータ関数 $\theta(t)$ を

$$\theta(t) = \sum_{n=-\infty}^{+\infty} e^{-\pi n^2 t}$$

で定めると，積分と無限和の交換が正当化されて次が得られる：

$$\pi^{-\frac{s}{2}}\Gamma\left(\frac{s}{2}\right)\zeta(s) = \frac{1}{2}\int_0^\infty (\theta(t)-1) t^{\frac{s}{2}-1} dt.$$

テータ関数の重さ $\frac{1}{2}$ のモジュラー形式としての変換式 $\theta(t) = t^{-\frac{1}{2}}\theta\left(\frac{1}{t}\right)$ を用いて上式の右辺を計算すると[19]，

$$\pi^{-\frac{s}{2}}\Gamma\left(\frac{s}{2}\right)\zeta(s) = \frac{1}{s(s-1)} + \frac{1}{2}\int_1^\infty \left(t^{\frac{s}{2}}+t^{\frac{1-s}{2}}\right)(\theta(t)-1)\frac{dt}{t} \qquad (5.13)$$

が得られる．$\theta(t)$ の各項たちは $t \to \infty$ で非常に速く零に近づくので，(5.13)式の右辺の第2項の積分はすべての複素数 s で収束し，左辺の $\Gamma(s)$ は $\mathbb{C}$ 全体に接続されたので，$\zeta(s)$ は $\mathbb{C}\backslash\{0,1\}$ に解析接続される．若干の議論で，$\zeta(s)$ は $s=0$ でも正則になることや $s=1$ で1位の極を持つこともわかる．

また，(5.13)式をよく眺めると，右辺は $s \leftrightarrow 1-s$ なる変換で不変なので，

$$\Lambda(s) := \pi^{-\frac{s}{2}}\Gamma\left(\frac{s}{2}\right)\zeta(s)$$

とおくと $\Lambda(s) = \Lambda(1-s)$ なる関数等式が得られる．移項すると

$$\zeta(s) = \pi^{\frac{2s-1}{2}}\frac{\Gamma\left(\dfrac{1-s}{2}\right)}{\Gamma\left(\dfrac{s}{2}\right)}\zeta(1-s) \qquad (5.14)$$

なる関数等式も成り立つ．

5.4.2 …… 零点の分布

$\zeta(s)$ が絶対収束する領域 $\mathrm{Re}(s) > 1$ では $\zeta(s)$ は零値をとらない．また，

---

19) Poisson の和公式を用いて示すことができる．

$\dfrac{\Gamma\left(\dfrac{1-s}{2}\right)}{\Gamma\left(\dfrac{s}{2}\right)}$ は $\dfrac{s}{2}$ が負の整数のときのみ 1 位の零点を持つ.関数等式 (5.14) に

よって,$\mathrm{Re}(s) < 0$ の領域では $\zeta(s)$ は $-2, -4, -6, \cdots$ のみで「自明な零点」を持つことがわかる.

一方で,残された領域 $\{s \in \mathbb{C} \mid 0 \leq \mathrm{Re}(s) \leq 1\}$ は臨界領域と呼ばれ,臨界領域内の $\zeta(s)$ の零点の様子は今日でも把握されていない難しく重要な問題である.Riemann は,次の領域

$$\{s \in \mathbb{C} \mid 0 \leq \mathrm{Re}(s) \leq 1,\ 0 \leq \mathrm{Im}(s) \leq T\}$$

での $\zeta(s)$ の(重複度込みの)零点の個数 $N(T)$ に対して,

$$N(T) = \frac{T}{2\pi} \log \frac{T}{2\pi} - \frac{T}{2\pi} + O(\log T) \tag{5.15}$$

なる結果を与えた.しかし,(5.7) 式を用いた Riemann の「説明」は厳密な証明とは言いがたく,(5.15) の完全な証明は,半世紀近く後の 1905 年に von Mangoldt が与えている(例えば,[18] の 5 章を参照).さらに,Riemann の論文では,(5.15) 式に相当する事実を述べた直後で「確からしいが少し試みた限りでは示すことができず,この研究の目的のためには当面は証明する必要はない事実」として次を述べている[20]:

Riemann 予想

$\zeta(s)$ の非自明な零点はすべて $\mathrm{Re}(s) = \dfrac{1}{2}$ 上にあるだろう.

20 世紀半ば以降の計算機の進歩もあり,臨界領域の中の非常に広い領域で予想が確かめられている.(もし予想が正しいとすれば)整数や素数に関する非常に強い帰結を導き,関数解析,確率論などの幅広い数学や量子力学など物理学と関係するせいか,多くの人を惹きつける魅力的な予想である.今も Riemann 予想を解いた論文が定期的に発表され,その都度,人々は証明の間違い探しをしなければならない.魅力を超えて魔性すら感じさせる問題である.

---

[20] Riemann 自身は,彼の遺稿から Siegel によって掘り起こされ,今日「Riemann-Siegel 公式」と呼ばれる $\zeta\left(\dfrac{1}{2} + it\right)$ の漸近公式によって,実軸に近い零点を手計算して予想したようである.

5.5 ● ゼータ関数と素数の分布

今まで，Riemann 以前の実変数関数としてのゼータでは限界があったことを述べた．最後に，「複素変数関数としてのゼータから素数に関するより精密な情報が引き出せる」ことの雰囲気を伝えたい．

先述の Chebyshev の研究では，$\psi(x) = \sum\limits_{\substack{p:\text{素数} \\ p^m \leq x}} \log p$ なる関数を定義して，次の同値を示していた：

$$\psi(x) \sim x \text{ が成立} \overset{\text{同値}}{\Longleftrightarrow} \text{素数定理が成立.} \tag{5.16}$$

今，ゼータの Euler 積表示(5.11)から次式が得られる：

$$\frac{\zeta'(s)}{\zeta(s)} = (\log \zeta(s))' = -\sum_{p:\text{素数}} \sum_{n=1}^{\infty} \frac{\log p}{p^{ns}}. \tag{5.17}$$

(5.6)式を，実数 $a > 0$ と区間 $[a-iT, a+iT]$ を直径とする半円の反時計回りの外周 C に適用すると，

$$\frac{1}{2\pi i} \lim_{T \to \infty} \int_{a-iT}^{a+iT} \frac{t^s}{s} ds = \begin{cases} 1 & t > 1, \\ 0 & t < 1, \end{cases} \tag{5.18}$$

となる．各自然数 n で(5.18)を $t = \dfrac{x}{p^n}$ として用いて n に関する和をとると，素数分布とゼータの積分を結びつける「Perron の公式」

$$\psi(x) = -\lim_{T \to \infty} \frac{1}{2\pi i} \int_{a-iT}^{a+iT} \frac{\zeta'(s)}{\zeta(s)} x^s \frac{ds}{s} \tag{5.19}$$

を得る．$a-iT, a+iT, b+iT, b-iT$ を頂点とする長方形の周を反時計回りに回る径路 C（ただし，$a > 1$，$b < 0$）で(5.7)式を適用して，極限 $b \to -\infty$，$T \to \infty$ をとると，素数分布と臨界領域内のゼータのすべての零点 ρ たちを結びつける「明示公式」

$$\psi(x) = x - \sum_{\rho} \frac{x^\rho}{\rho} - \frac{\zeta'(0)}{\zeta(0)} - \frac{1}{2} \log\left(1 - \frac{1}{x^2}\right) \tag{5.20}$$

が得られる．

$\mathrm{Re}(\rho) < 1$ なる零点 ρ たちの寄与は小さいので，$\mathrm{Re}(s) = 1$ 上に零点がなければ，(5.16)と(5.20)より素数定理が従うことがわかる．一方で，Hadamard や de la Valée Poussin は，1896 年に $\mathrm{Re}(s) = 1$ 上に $\zeta(s)$ の零点がない

ことを示した[21]. かくして素数定理が従う. このような $\psi(x)$ の計算によっ
て，素数定理より精密な先述の誤差評価(5.10)も同時に示していることにも
注意したい. また，先述の Newman-Zagier の短い証明も $\mathrm{Re}(s)=1$ 上での
$\zeta(s)$ の零点の非存在を用いることは変わりない.

さらに，もし Riemann 予想が正しければ，すべての零点に対して $\left|\dfrac{x^\rho}{\rho}\right|=$
$\dfrac{x^{\frac{1}{2}}}{|\rho|}$ なので，ずっと強い誤差評価

$$\text{勝手な } \varepsilon > 0 \text{ で,} \quad \pi(x) - \mathrm{Li}(x) = O\left(x^{\frac{1}{2}+\varepsilon}\right) \tag{5.21}$$

が成り立つ.

Riemann の原論文の話に戻ると，論文の後半の素数分布の表示式は論証も
曖昧で，ゼータの零点の非存在を考察していないので，素数定理も導かれな
い. ただ，Riemann は彼の計算と洞察に基づいて $\pi(x)$ を

$$\mathrm{Li}(x) - \mathrm{Li}\left(x^{\frac{1}{2}}\right) + \cdots + \mu(n)\mathrm{Li}\left(x^{\frac{1}{n}}\right) + \cdots \tag{5.22}$$

で近似することを提唱しており[22]，数値実験で確かめる限り，(5.22)は
$\mathrm{Li}(x)$ よりも精密な近似に見える.

ゼータは「関数等式」と「Euler 積」を持ち，深い数論的情報を内に秘めて
いる. Riemann のゼータ関数や Dirichlet の L 関数以外の「高次元のゼー
タ」も 20 世紀にたくさん発見されており，それらについては先の章で触れた
い. Riemann のゼータ関数を本格的に学ぶ教科書としては，例えば[18]，
[19]，[20]を挙げたい.

---

21) $\mathrm{Re}(s)=1$ 上での $\zeta(s)$ の零点の非存在の Hadamard による簡単な証明が，[19, §4.2]や前々節
に挙げた Zagier の論文などにある.

22) $\mu(n)$ は Möbius 関数，つまり，$\mu(1)=1$，異なる k 個の素数の積 n で $\mu(n)=(-1)^k$，それ以外
の n で $\mu(n)=0$ である.

第6章

代数的整数論の
源流を求めて(1)

　唐突であるが，川の源流にワクワク感を覚えるのは私だけだろうか．馴染みのある河川の上流を訪れると，新鮮で不思議な感慨を覚える．街中の小さな流れも自転車で遡りたくなる．溯ると暗渠になったり道が途切れたりして探検も一筋縄ではいかないのだけれど….

　前章ではゼータ関数に関連して解析的数論の源流に触れた．本章では，代数的整数論の源流を望みたい．すべての支流を探検するのは無理なので，最も大事な2次体と円分体につながる二つの流れを訪れたい．

6.1●整係数2元2次形式とは何か

　どれかは0でない整数の組 a, b, c による
$$f(X, Y) = aX^2 + bXY + cY^2$$
を X, Y を不定元とする**整係数2元2次形式**と呼ぶ．次の問題は自然であろう．

表示問題

　与えられた整数 n に対して $f(X, Y) = n$ となる整数解 (x, y) は存在するか，そして $f(X, Y) = n$ の整数解をすべて決定できるだろうか？

　まず，2次形式の代わりに整係数1次形式 $f(X, Y) = aX + bY$ での類似の問題 $f(X, Y) = n$ を考えると，それは Euclid の互除法の理論にほかならな

い.

次に，例えば，平方数の和を表す最も身近な整係数 2 元 2 次形式 $f(X, Y)$ $= X^2 + Y^2$ では，表示問題は明解に解決され，次の感動的な定理がある．

定理 6.1

　平方因子を持たない整数 $n \geqq 3$ に対して $X^2 + Y^2 = n$ が整数解を持つための必要十分条件は

　　「$a^2 \equiv -4 \bmod 4n$ となる整数 a が存在」　　　　(6.1)

が成り立つことである．また，(x, y) が解だとすると $(\pm x, \pm y)$, $(\pm y, \pm x)$ も自明に解となるのでそれらは区別しないで数えると，n の素因数分解に現れる奇素数が k 個ならば整数解は 2^{k-1} 個ある．

中国式剰余定理より，条件 (6.1) が成り立つための必要十分条件は n を割るすべての奇素数 p で $a^2 \equiv -1 \bmod p$ となる整数 a が存在することである．これが成り立つ必要十分条件は n を割るすべての素数 p で $p \not\equiv 3 \bmod 4$ となることである．n が素数のときの定理 1 は Euler が示していた．本章では定理 6.1 は証明せず先を急ぎたいが，はじめてこの定理を知った読者の方はぜひ具体的な n で成立することを確かめたり，証明に挑戦してみてほしい[1]．

Fermat, Euler は $X^2 + aY^2$ 型の場合に表示問題を研究した．その後，Lagrange (1736-1813) が整係数 2 元 2 次形式の理論の基礎を築き，Legendre (1752-1833) はそれを発展させた．Legendre はそれら 2 次形式の理論も盛り込んで 18 世紀の整数論を幅広く記した『Essai sur la théorie des nombres (整数論試論)』[2] を 1798 年に出版したが，そのわずか 3 年後に 24 歳の Gauss が『Disquisitiones Arithmeticae』[3] を出版し，Legendre の研究書よりはるかに堅固な厳密化と洗練化によって整係数 2 次形式理論を完成の域に導いた．

上述の「表示問題」と関連付けながら，整係数 2 元 2 次形式に関する基本的な概念を俯瞰したい．

整係数 2 元 2 次形式 $f(X, Y) = aX^2 + bXY + cY^2$ に対して，

---

1) Gauss 整数 $\mathbb{Z}[i]$ とノルムなどの簡単な準備のもとで，定理 1 を示すことはそれほど難しくない．例えば，高木貞治著『初等整数論講義』(共立出版) の §37 を参照のこと．
2)「整数論 (Number Theory)」という言葉は，Legendre のこの研究書に起因するとのことである．
3) ラテン語原著からの和訳[22]がある．

Adrien-Marie Legendre
(1752-1833)

Pierre de Fermat
(1607-1665)

$\quad D_f = b^2 - 4ac$

と定め,この値を f の**判別式**と呼ぶ.$D_f = 0$ のとき

$\quad f(X, Y) = e(gX + hY)^2$

(ただし,$e, g, h \in \mathbb{Z}$)と書ける.D_f が平方数のときも

$\quad f(X, Y) = e(gX + hY)(g'X + h'Y)$

(ただし,$e, g, h, g', h' \in \mathbb{Z}$)と書ける.これらの場合は,表示問題は1次形式の問題に帰着される.よって,$f(X, Y)$ に対する表示問題は D_f が平方数でないときが本質的である.

次に,整数係数の行列 $A = \begin{pmatrix} \alpha & \beta \\ \gamma & \delta \end{pmatrix}$ に対して,

$\quad f^A(X, Y) = f(\alpha X + \beta Y, \gamma X + \delta Y) \hfill (6.2)$

と定める.行列式 $\det A$ が 1 の整数係数行列 A が存在して $g(X, Y) = f^A(X, Y)$ となるとき,$f(X, Y)$ は $g(X, Y)$ と**同値**であると言う.このとき,A の逆行列 A^{-1} は整数係数で,$f(X, Y) = g^{A^{-1}}(X, Y)$ となる.$f(X, Y)$ と $g(X, Y)$ が同値ならば,$D_f = D_g$ で,また $f(X, Y)$ の表示問題が解決すれば $g(X, Y)$ の表示問題も解決する.例えば,

$\quad g(X, Y) = (2X + 3Y)^2 + (X + 2Y)^2$
$\quad \qquad = 5X^2 + 16XY + 13Y^2$

は $f(X, Y) = X^2 + Y^2$ と同値であるから,定理 6.1 より $g(X, Y) = n$ が整数解を持つための必要十分条件は n に対して (6.1) が成り立つことである.また,(x, y) が $g(X, Y) = n$ の解となるための必要十分条件は $(2x + 3y, x + 2y)$ が $f(X, Y) = n$ の解となることである.

6.2● 整係数2元2次形式と表示問題

D_f が平方数のときの表示問題は1次式の問題になるので，$f(X, Y) = aX^2 + bXY + cY^2$ に対して，

$$(a, b, c) = 1 \text{ かつ } a > 0, \quad D_f \text{ は平方数でない} \tag{6.3}$$

という状況を以後仮定する．さて，表示問題は $D = D_f$ の正負で大きく状況が異なる．平方完成すると

$$aX^2 + bXY + cY^2 = a\left(X + \frac{b}{2a}Y\right)^2 - \frac{D}{4a}Y^2$$

なので，$f(X, Y) = n$ が定める図形は，$D < 0, \ n > 0$ ならば楕円，$D > 0$ ならば双曲線を表す．(x, y) 平面の整数座標点は格子点をなし，楕円上にある格子点は有限個なので，$D < 0$ ならば $f(X, Y) = n$ の整数解 (x, y) は高々有限個である．一方で，$D > 0$ ならば $f(X, Y) = n$ が無限個の整数解 (x, y) を持ち得る．

6.2.1……2次形式の自己同値と表示問題

$f(x, y) = n$ なる表示問題の解を考える．

$$f = f^A, \quad \det A = 1 \tag{6.4}$$

なる整数係数行列 $A = \begin{pmatrix} \alpha & \beta \\ \gamma & \delta \end{pmatrix}$ があると

$$f(\alpha x + \beta y, \gamma x + \delta y) = n$$

も表示問題の解を与える．Lagrange は，f の表示問題の解 (x, y) がどれくらいたくさんあるかを知るには，(6.4) をみたす整数係数行列 A がどれくらいたくさんあるかを知るのが大切であると気づいて，このような A をすべて求める問題を研究した．$D = D_f < 0$ のときには，このような A は有限しかなく，しかも $D \neq -3, -4$ ならば $A = \pm\begin{pmatrix} 1 & 0 \\ 0 & 1 \end{pmatrix}$ のみであることが簡単にわかる．

$D > 0$ の場合を考察しよう．$Z = \dfrac{X}{Y}$ とおいて $f(X, Y) = 0$ から得られる2次方程式

$$q_f(Z) = aZ^2 + bZ + c = 0$$

を考える．D_f は平方数でないとの仮定より，この方程式の根 θ は2次の代数

的数である．$A = \begin{pmatrix} \alpha & \beta \\ \gamma & \delta \end{pmatrix}$ に対して，$\theta^A = \dfrac{\alpha\theta+\beta}{\gamma\theta+\delta}$ とおくことにすると，$\det A = 1$ の整数係数行列 A に対して，

$$f^A = f \overset{\text{同値}}{\Longleftrightarrow} q_f(Z) \text{ の勝手な根 } \theta \text{ で } \theta^A = \theta \tag{6.5}$$

である．$q_f(\theta) = 0$ かつ $\theta^A = \theta$ が成り立つための必要十分条件は，次が成り立つことである：

$$\begin{cases} a\theta^2 + b\theta + c = 0, \\ \gamma\theta^2 + (\delta-\alpha)\theta - \beta = 0. \end{cases}$$

θ が無理数なので，二つの 2 次式は定数倍でなければならない．係数の比を

$$t := \frac{\gamma}{a} = \frac{\delta-\alpha}{b} = -\frac{\beta}{c}$$

とおく．$(a, b, c) = 1$ であるという仮定のもとでは，t が整数でなければならない．$s = \alpha+\delta$ とおくと，

$$\alpha = \frac{s-bt}{2}, \qquad \delta = \frac{s+bt}{2}$$

である．$\det A = 1$ であることに注意して上の議論を合わせると，(6.3)式と (6.4)式が成り立つための必要十分条件は $s^2 - Dt^2 = 4$ をみたす整数 s, t が存在して

$$A = \begin{pmatrix} \dfrac{s-bt}{2} & -ct \\ at & \dfrac{s+bt}{2} \end{pmatrix} \tag{6.6}$$

と書けることである．よって，変数 S, T に関する別の 2 次方程式

$$S^2 - DT^2 = 4$$

の解が問題となる．この型の方程式は **Pell 方程式** と呼ばれる．Pell 方程式の整数解は，Fermat が同時代の数学者たちに挑戦的な問題を出したことから活発に研究された[4]．Pell が解決したと勘違いした後世の Euler の命名により Pell という呼称が定着したようである．Pell 方程式の基本事項を以下に思い出そう．

---

[4] 特別な形の Pell 方程式は，古くは Archimedes が取り上げ，インドでも 7 世紀には Brahmagupta が深く研究していた．

定理 6.2

D が平方数でない正の整数とするとき，Pell 方程式 $S^2 - DT^2 = 4$ は無限個の整数解を持つ．正の整数解 s, t のうち $s + t\sqrt{D}$ が最小になる $s_1, t_1 > 0$ をとると，この方程式の勝手な整数解 s, t に対してある整数 n が存在して，次が成り立つ：

$$\frac{s + t\sqrt{D}}{2} = \pm\left(\frac{s_1 + t_1\sqrt{D}}{2}\right)^n.$$

定理 6.2 の前半は，第 3 章の「無理数は有理数で効率的に近似される」という事実と密接な関係がある．

今，$S^2 - DT^2 = 1$ の解 (s, t) があると $(2s, 2t)$ は $S^2 - DT^2 = 4$ の解となるし，Pell 方程式というと $S^2 - DT^2 = 1$ を表すことも多い．よって，$S^2 - DT^2 = 1$ が無限個の解を持つことを示そう．$\sqrt{D}$ は無理数より，$\left|\dfrac{s}{t} - \sqrt{D}\right| < \dfrac{1}{|t|^2}$ なる互いに素な整数の組 s, t が無限に存在する(例えば，高木貞治著『初等整数論講義』の §24 を参照)．このような s, t に対しては，

$$|s + t\sqrt{D}| \leq |s - t\sqrt{D}| + |2t\sqrt{D}| \leq (1 + 2\sqrt{D})|t|$$

が三角不等式からわかり，次の不等式が得られる：

$$|s^2 - Dt^2| \leq (1 + 2\sqrt{D})|t| \cdot \frac{1}{|t|} = 1 + 2\sqrt{D}.$$

この不等式をみたす整数の組 (s, t) は無限にあるが，$|k| \leq 1 + 2\sqrt{D}$ なる整数 k たちは有限個である．よって，ある整数 k で $S^2 - DT^2 = k$ が無限個の整数解 s, t を持つ．たまたま $k = 1$ ならば前半の証明が終わる．$k \neq 1$ でも，$\{(u, v) \mid -k \leq u, v \leq k\}$ が有限集合なので，ある整数たちの組 (u, v) が存在して，

$$\{(s, t) \mid s^2 - Dt^2 = k, \ s \equiv u, \ t \equiv v \bmod k\} \tag{6.7}$$

が無限集合となることがわかる．(s, t) と (s', t') がともに (6.7) に入るとき，簡単な計算により，

$$(ss' - tt'D)^2 - D(st' - s't)^2 = k^2$$

がわかる．$k \mid (ss' - tt'D)$ かつ $k \mid (st' - s't)$ なので，

$$\left(\frac{ss' - tt'D}{k}, \frac{st' - s't}{k}\right)$$

は $S^2 - DT^2 = 1$ の解を与える．$S^2 - DT^2 = 1$ の解 (s, t) が一つあると，各

自然数 n で
$$a_n + b_n\sqrt{D} = (s + t\sqrt{D})^n$$
となる (a_n, b_n) も $S^2 - DT^2 = 1$ の解になるので解が無限個あることもわかる.

定理 6.2 の後半の証明は省略するが,s_1, t_1 は第 3 章の定理 3.3 の「2 次の無理数の連分数展開が途中から循環する」という事実を用いて計算できる.実際,

$$\sqrt{D} = \frac{s\sqrt{D} + q}{t\sqrt{D} + r} \quad \text{かつ} \quad \det\begin{pmatrix} s & q \\ t & r \end{pmatrix} = 1 \tag{6.8}$$

なる s, t, q, r が存在すれば,分母を払って次を得る:
$$tD + (r - s)\sqrt{D} - q = 0.$$
$\sqrt{D}$ が無理数より $r - s = 0$ かつ $tD - q = 0$ なので,
$$s^2 - Dt^2 = sr - tq = 1$$
となる.今,(6.8) 式をみたす s, t, q, r は,$\dfrac{1}{\sqrt{D} - [\sqrt{D}]}$ の連分数展開を循環節の切れ目で打ち切って分数を整理すれば得られる.特に最初の循環節の切れ目で打ち切れば s_1, t_1 が得られる[5].

例えば,$D = 2$ では $(s_1, t_1) = (2, 1)$ である.D に比べて s_1, t_1 が大きいこともあり,$D = 61$ では
$$(s_1, t_1) = (1766319049, 226153980)$$
となる.実は $\sqrt{61}$ の連分数展開の循環節は 11 と長い.

さて,$f(X, Y) = n$ が解 (x, y) を一つ持てば,定理 6.2 の Pell 方程式 $S^2 - DT^2 = 4$ の解 (s, t) を (6.6) 式に代入して得られる A で変換した

$$\left(\frac{s - bt}{2}x - cty, \; atx + \frac{s + bt}{2}y \right)$$

は無限個の解を動く.結論を以下にまとめておく.

定理 6.3

(6.3) をみたす整係数 2 元 2 次形式 $f(X, Y)$ に対して,表示問題 $f(X, Y) = n$ を考える.$D < 0$ のとき,解 (x, y) の個数は高々有限個である.$D > 0$ のとき,解が存在すれば解は無限個ある.

---

[5] 正確な定理や詳しい説明は,[23, §3.3, §3.4] などを参照のこと.

6.2.2 — 2次形式の同値類と表示問題

$f(X, Y) = n$ の解が少なくとも一つは存在するかを判定することも気になるだろう．実は，定理 6.1 において大事な役割を演じた -4 は $X^2 + Y^2$ の判別式であった．一般に，$f(X, Y) = n$ (n は平方因子を持たない整数) の表示問題を，定理 6.1 と同様に「D_f が $\mod 4n$ で平方数と合同か」で判定できるだろうか？

例えば，$D = -20$ の場合を調べてみよう．$n = 1$ とすると，$-20 \equiv 0 \mod 4$，$a^2 \equiv -20 \mod 4$ なる a が存在する．そして実際 $D_f = -20$ の2次形式

$$f(X, Y) = X^2 + 5Y^2$$

は $f(1, 0) = 1$ なる整数解を持つ．ところが，2次形式

$$g(X, Y) = 2X^2 + 2XY + 3Y^2$$

でも $D_g = -20$ となり，$g(X, Y) = 1$ の両辺を2倍して平方完成すると，$(2X + Y)^2 + 5Y^2 = 2$ となる．最後の方程式は整数解を持たないことが簡単にわかるので，$g(X, Y) = 1$ は整数解を持たない．$n = 3$ とすると，$a = 2$ で $a^2 \equiv -20 \mod 3n$ となるが，$n = 1$ のときとは逆に，$g(X, Y) = 3$ が整数解

を持ち $f(X, Y) = 3$ は整数解を持たないことが簡単に確かめられる.

このとき $D = -20$ のように，互いに同値でなく $D_f = D_g$ となる整係数 2 次形式 f, g があるとき，$f(X, Y) = n$ に対する表示問題は定理 6.1 のようにきれいな判定条件を持たず，$f(X, Y) = n$ と $g(X, Y) = n$ の解の存在が混じってしまう現象が起こる．先の Fermat-Euler の例 $f(X, Y) = X^2 + Y^2$ では，$D_g = D_f$ で f と同値でない整係数 2 次形式は存在しなかったのでこの現象は起こらず，きれいな判定条件が成り立っていたのである.

このように，表示問題の解の存在に関しては，与えられた判別式 D を持つ整係数 2 元 2 次形式の同値類がどれくらいあるかが基本的な問題となる．Lagrange によって以下が知られていた.

定理 6.4

整係数 2 元 2 次形式 $g(X, Y)$ の判別式を D とするとき，
$$|b| \leqq |a| \leqq |c| \tag{6.9}$$
をみたし，$g(X, Y)$ と同値な整係数 2 元 2 次形式
$$f(X, Y) = aX^2 + bXY + cY^2$$
が存在する．特に，与えられた判別式 D を持つ整係数 2 元 2 次形式の同値類は有限個である.

(6.9)式をみたす $f(X, Y)$ を**簡約**であるという.

証明

必要ならば与えられた $g(X, Y) = aX^2 + bXY + cY^2$ を同値なもので取り替えて，$\det A$ が ± 1 の整数係数行列 A で変換した g^A たちの中で g の X^2 の係数の絶対値は最小であると仮定してよい．このとき，$|a| \leqq |c|$ が成り立っている．実際，背理法によって $|c| < |a|$ と仮定すると $A = \begin{pmatrix} 0 & 1 \\ -1 & 0 \end{pmatrix}$ によって
$$g^A(X, Y) = g(Y, -X) = cX^2 - bXY + aY^2$$
となる．これは仮定に矛盾する．さらに，必要ならば $A = \begin{pmatrix} 1 & n \\ 0 & 1 \end{pmatrix}$ による変換
$$g^A(X, Y) = aX^2 + (2an + b)XY + (an^2 + bn + c)Y^2$$
で g を置き換えると，ほかの条件を保ったまま $|b| \leqq |a|$ とすること

ができる。以上で前半が示された。

後半を示すために，$f(X, Y) = aX^2 + bXY + cY^2$ は簡約で判別式 D を持つとする。

$$|D| = |4ac - b^2| \geq 4|ac| - |b|^2 \geq 3|a|^2 \tag{6.10}$$

である。よって a の可能性は有限個で，$|b| \leq |a|$ より直ちに b の可能性も有限個である。$c = \dfrac{b^2 - D}{4a}$ より a, b が決まると c は自動的に決まる。とり得る a, b, c の組み合わせが有限個であるから判別式 D を持つ簡約な整係数 2 元 2 次形式 $f(X, Y)$ の可能性は有限個である。前半の結果によって勝手な $g(X, Y)$ はある簡約な $f(X, Y)$ に同値であり，同値ならば判別式は等しいので欲しかった同値類の有限性が示された。 $\square$

定義 6.1

与えられた平方数でない整数 D に対して，判別式が D と等しい整係数 2 元 2 次形式の $\det A = \pm 1$ なる A による変数変換による同値類を判別式が D の**類**と呼び，類の個数を**類数**と呼ぶ。判別式が D での類数を $h(D)$ で記す。

先に論じた $D = -20$ の場合を考えよう。(6.10) より，$3|a|^2 \leq 20$ であるが，$a > 0$ でこれをみたすのは $a = 1, 2$ の場合に限る。$a = 2$ のとき，(6.9) 式より $|b| \leq 2$ である。$b = 0$ では $D = -8c$ が -20 と一致するような整数 c は存在しない。$b = \pm 1$ では $D = 1 - 8c$ が -20 と一致するような整数 c は存在しない。$b = \pm 2$ では $D = 4 - 8c$ が -20 と一致するのは $c = 3$ のときである。$a = 1$ のときにも同様に調べると，該当するのは $b = 0$ かつ $c = 5$ のみである。

以上で，判別式 -20 の簡約整係数 2 元 2 次形式は

$$f(X, Y) = X^2 + 5Y^2,$$
$$g(X, Y) = 2X^2 + 2XY + 3Y^2,$$
$$h(X, Y) = 2X^2 - 2XY + 3Y^2$$

で尽くされる。定理 6.4 より，判別式 -20 の勝手な整係数 2 元 2 次形式はこれらのいずれかに同値なので $h(-20) \leq 3$ となる。さらに，$A = \begin{pmatrix} 1 & 1 \\ 0 & 1 \end{pmatrix}$ で $g = h^A$ なので $h(-20) \leq 2$ となる。一方で，$f(X, Y) = 1$ は整数解を持ち

$g(X, Y) = 1$ は持たないので，f と g は同値でなく $h(-20) \geqq 2$ で，$h(-20)$ $= 2$ がわかった．

Gauss の『Disquisitiones Arithmeticae』では，さらに，それぞれ整数 m, n を表示する判別式 D の整係数 2 元 2 次形式 $f(X, Y), g(X, Y)$ に対して，$f(X, Y), g(X, Y)$ の「合成積」と呼ばれる操作で，整数 mn を表示する判別式 D の整係数 2 元 2 次形式 $h(X, Y)$ を与えた．また，整数係数行列による変換同値での「類」の代わりに，有理数係数行列での変換同値に相当する「種」という粗い同値類を研究した．のちの代数的整数論の言葉では，Pell 方程式の解は「2 次体の単数群」，類と合成積は「2 次体のイデアル類群」に相当する．代数体の概念や代数的整数論が生まれる以前に「2 次体の整数論」は深く研究されていたのである．

6.3●Fermat の最終定理

第 1 章の「Fermat の最終定理」を思い出そう．

定理 6.5

$n \geqq 3$ なる勝手な自然数 n で，方程式
$$X^n + Y^n = Z^n$$
は $xyz \neq 0$ なる整数解 (x, y, z) を持たない．

16 世紀に Fermat が「解けた」と主張していたこの予想には $n = 4$ の場合は Fermat 自身の証明が残されており，Euler が $n = 3$ の場合，Legendre と Dirichlet が $n = 5$ の場合を示している[6]．最終的には，20 世紀に発展した数論的代数幾何学を駆使してこの問題が完全解決した．アメリカ人数学者 Ribet が Fermat 予想を志村–谷山予想に帰着し，その後イギリス人数学者 Wiles が志村–谷山予想を部分的に解決することで，1994 年に Fermat の最終定理が解決した．

数論幾何学者は「Fermat 方程式の整数解の非存在よりも，本当に大事な

---

6) Fermat 予想の歴史は，例えば『フェルマーの最終定理 13 講』(Paulo Ribenboim 著，吾郷博顕訳，共立出版) を参照のこと．

のは志村-谷山予想の解決による進歩である」としばしば「素人の間違った認識」を牽制する．一方で，Fermat の問題の研究は今日の数論や代数幾何の土台に繋がった．何より方程式の言葉さえ使わずに語れる Fermat の問題の主張は味わい深い貴重な「文化遺産」であろう[7]．

さて，時間を巻き戻して古典的な場合に立ち戻ろう．小さな n で徐々に進展した後，Kummer の大きな仕事が現れる．Kummer の話に立ち入る下準備として，$n = 3$ の場合の証明を論じたい．Euler は Fermat が発展させた無限降下法に基づいて証明を与えたが，ここでは数の世界を思い切って広げてしまうという Gauss の没後に発表された Gauss による別証明を紹介したい．第 2 章で代数学の基本的な言葉である「体」を導入した．その公理の中の最後の条件であった「乗法の逆元の存在」を外したものを**環**と呼ぶ[8]．環は体より条件が少ないので，すべての体は環である．そして，体ではない環で最も身近なものは $\mathbb{Z}$ であろう．今，1 の原始 3 乗根 $\zeta_3 = \exp\left(\dfrac{2\pi\sqrt{-1}}{3}\right)$ を付け加えた体 $\mathbb{Q}(\zeta_3)$ と $\mathbb{Q}(\zeta_3)$ に含まれる次の環を考えよう[9]：

$$\mathbb{Z}[\zeta_3] = \{a_0 + a_1\zeta_3 \,|\, a_0, a_1 \in \mathbb{Z}\}.$$

Gauss は Fermat の問題より少し強い結果を示した．

定理 6.6（Gauss）

τ を $\pm 1, \pm\zeta_3, \pm\zeta_3^2$ のいずれかに等しい定数とする．このとき，

$$X^3 + Y^3 = \tau Z^3$$

は $xyz \neq 0$ なる解を $\mathbb{Z}[\zeta_3]$ の中に持たない．

証明に入る前に準備をしておきたい．環 R の元 $u \in R$ に対して $uu' = 1$ となる $u' \in R$ が存在するとき，$u \in R$ を**単元**と呼ぶ．零元でも単元でもない $x \in R$ が二つの非単元の積に表せないとき**既約元**と呼ぶ．

---

7) 実際，Fermat の時代には方程式の言葉は普及しておらず，Diophantus の本への彼の書き込みは「立方数を二つの立方数の和に分けることはできない．4 乗数を二つの 4 乗数の和に分けることはできない．一般に，冪が 2 より大きいとき，その冪乗数を二つの冪乗数の和に分けることはできない」とラテン語で記されていた．

8) ここでは，「環」といえば可換環を意味することに注意．

9) $\zeta_3^2 = -1 - \zeta_3$ より $\zeta_3^2 \in \mathbb{Z}[\zeta_3]$ となる．

定義 6.2

零元でも単元でもない任意の $x \in R$ に対して次の二条件が成り立つとき，R を UFD と呼ぶ[10]．

1. 単元 u と有限個の既約元 $a_1, \cdots, a_s$ が存在して「既約元分解」
   $x = ua_1 \cdots a_s$ がある．

2. 2通りの既約元分解
   $$x = ua_1 \cdots a_s = u'b_1 \cdots b_{s'}$$
   があるとき，$s = s'$ となり，a_i, b_i を並べ替えてすべての $i = 1, \cdots, s$ で $\dfrac{a_i}{b_i}$ が単元になる．

UFD においては，整数で最大公約数という概念が意味をなしたように**最大公約元**を考えられることが重要である．以下では，$x, y \in R$ に対して $x = uy$ なる単元 u が存在することを記号として $x \sim y$ で表すことにする．第4章で示した「素因数分解の一意性定理」より $\mathbb{Z}$ は UFD である．一方，同じく第4章で示したように，UFD でない例として $\mathbb{Z}[\sqrt{-5}]$ がある．

まず，$\mathbb{Z}[\zeta_3]$ に関する「基本事実」をまとめておく．

（a）$\mathbb{Z}[\zeta_3]$ は UFD である．

（b）$\mathbb{Z}[\zeta_3]$ の単元は，$\pm 1, \pm \zeta_3, \pm \zeta_3^2$ のみである．

（c）素数 3 は既約元でない．$\lambda := 1 - \zeta_3$ とおくと，λ は既約元で $3 \sim \lambda^2$ となる．

（d）$x \in \mathbb{Z}[\zeta_3]$ が λ で割り切れなければ，$x \equiv +1 \bmod \lambda$ または $x \equiv -1 \bmod \lambda$ のいずれかが成り立つ．

これらの基本事実は，大学 2, 3 年の代数で習う初等的な環の理論で証明できる．余力のある読者は証明を試みられたいが，以下ではこれらの基本事実を認めて証明を紹介したい．

定理 6.6 を背理法で示すために $xyz \neq 0$ なる $\mathbb{Z}[\zeta_3]$ の元 x, y, z で $x^3 + y^3 = \tau z^3$ なるものが存在したとする．$\lambda \nmid xyz, \lambda \mid xyz$ の 2 通りが考えられる．まず，

---

10) unique factorization domain（一意分解整域）の略語．

$\lambda \nmid xyz$ とする. $\lambda \nmid w$ なる勝手な $w \in \mathbb{Z}[\zeta_3]$ に対して,「基本事実」の(d)より $r \in \mathbb{Z}[\zeta_3]$ が存在して $w = r\lambda \pm 1$ となる. この両辺を3乗すると

$$w^3 = (r\lambda \pm 1)^3 = r^3\lambda^3 \pm 3r^2\lambda^2 + 3r\lambda \pm 1 \tag{6.11}$$

で,「基本事実」の(c)より $w^3 \equiv \pm 1 \bmod \lambda^3$ となる.

$$0 = x^3 + y^3 - \tau z^3 \equiv \pm 1 \pm 1 \pm \tau \pmod{\lambda^3}$$

なので, τ が6通りのどの値でも(c)より矛盾が生ずる.

以下 $\lambda \mid xyz$ とする. 必要ならば最大公約元で割ることによって, x, y, z のいずれかは λ で割れないとしてよい. 一般性を失わずにある $n \geq 1$ が存在して

$$\lambda \nmid xy \text{ かつ } \lambda^n \text{ は } z \text{ をちょうど割り切る} \tag{6.12}$$

と仮定してよい. まず, $n = 1$ として矛盾を導こう.

補題 6.1

$\lambda \nmid w \in \mathbb{Z}[\zeta_3]$ ならば $w^3 \equiv \pm 1 \bmod \lambda^4$.

証明

$\lambda \nmid w$ ならば $w \equiv \pm 1 \bmod \lambda$ であった. 以下では, $w \equiv 1 \bmod \lambda$ のときに $w^3 \equiv 1 \bmod \lambda^4$ を示す. さて, ある $r \in \mathbb{Z}[\zeta_3]$ を用いて $w = 1 + r\lambda$ とおくと,

$$w - 1 = r\lambda, \qquad w - \zeta_3 = \lambda(r+1),$$
$$w - \zeta_3^2 = \lambda(r-1) + 3$$

がわかる.「基本事実」の(c)より $\lambda \mid 3$ であるから,

$$w^3 - 1 = (w-1)(w-\zeta_3)(w-\zeta_3^2)$$
$$= \lambda^3 r(r+1)\left(r-1+\frac{3}{\lambda}\right)$$

となる.(c)より $\dfrac{3}{\lambda}$ も λ で割り切れるので,

$$r(r+1)\left(r-1+\frac{3}{\lambda}\right) \equiv r(r+1)(r-1) \pmod{\lambda}$$

となり,「基本事実」の(d)より $r(r+1)(r-1)$ は λ で割り切れる. よって, $w^3 - 1 \equiv 0 \bmod \lambda^4$ を得る. $w \equiv -1 \bmod \lambda$ のときの証明も同様である. $\qquad\square$

補題 6.1 を使うと次が成り立つ：

$$x^3 + y^3 \equiv (\pm 1) + (\pm 1) \equiv 0 \text{ or } \pm 2 \quad \mod \lambda^4.$$

一方で，λ が z をちょうど 1 回割るならば，補題 6.1 より $\tau z^3 \equiv \pm \tau \mod \lambda^4$ となる．$x^3 + y^3$ が τz^3 と $\mod \lambda^4$ で合同になることはないので，$n = 1$ で (6.12) をみたす解があると仮定すると矛盾が生じる．

次に $n \geqq 2$ とする．次の補題は簡単に確かめられる．

補題 6.2

勝手な元 $x, y \in \mathbb{Z}[\zeta_3]$ で次が成り立つ．

（1） $x - y, x - \zeta_3 y, x - \zeta_3^2 y$ のどれか一つが λ で割れるならば，それらのすべてが λ で割れる．

（2） $\lambda \nmid y$ とするとき，$x - y, y - \zeta_3 y, x - \zeta_3^2 y$ のいずれの 2 項も $\mod \lambda^2$ で互いに合同でない．

証明に戻る．$\lambda \mid z$ の仮定と補題 6.2 の (1) より，

$$(x - y)(x - \zeta_3 y)(x - \zeta_3^2 y) = \tau z^3 \tag{6.13}$$

の左辺の $x - y, x - \zeta_3 y, x - \zeta_3^2 y$ のすべてが λ で割れる．よって，

$$\frac{x - y}{\lambda} \cdot \frac{x - \zeta_3 y}{\lambda} \cdot \frac{x - \zeta_3^2 y}{\lambda} = \tau \left(\frac{z}{\lambda} \right)^3$$

を得る．今，$n \geqq 2$ より $\dfrac{z}{\lambda}$ も λ で割れる．よって，λ は $\dfrac{x - y}{\lambda}, \dfrac{x - \zeta_3 y}{\lambda}$, $\dfrac{x - \zeta_3^2 y}{\lambda}$ のいずれかを割る．一方で，補題 6.2 の (2) より $\dfrac{x - y}{\lambda}, \dfrac{x - \zeta_3 y}{\lambda}$, $\dfrac{x - \zeta_3^2 y}{\lambda}$ のうち λ で割り切れるのはただ一つである．必要なら y を $\zeta_3 y$ または $\zeta_3^2 y$ に置き換えることで，一般性を失わずに，λ で割れない $\kappa_1, \kappa_2, \kappa_3$ が存在して

$$x - y = \lambda^{3n-2} \kappa_1,$$
$$x - \zeta_3 y = \lambda \kappa_2, \tag{6.14}$$
$$x - \zeta_3^2 y = \lambda \kappa_3$$

としてよい．今までと同様の議論で，$\kappa_1, \kappa_2, \kappa_3$ はどの二つも単元以外の公約数を持たないことがわかる．また，(6.14) 式の三つの項を掛け合わせると

$$\lambda^{3n} \kappa_1 \kappa_2 \kappa_3 = x^3 + y^3 = \tau z^3$$

となる．なので，$\mathbb{Z}[\zeta_3]$ の単元 u_1, u_2, u_3 と $\mathbb{Z}[\zeta_3]$ の元 r_1, r_2, r_3 が存在して

$$\kappa_1 = u_1 r_1^3, \quad \kappa_2 = u_2 r_2^3, \quad \kappa_3 = u_3 r_3^3$$

と書ける．再度(6.14)式を用いて次が得られる：

$$0 = (x-y) + \zeta_3(x-\zeta_3 y) + \zeta_3^2(x-\zeta_3^2 y)$$
$$= \lambda^{3n-2} u_1 r_1^3 + \lambda \zeta_3 u_2 r_2^3 + \lambda \zeta_3^2 u_3 r_3^3.$$

両辺を $\lambda \zeta_3 u_2$ で割り，$a = r_2$，$b = r_3$，$c = -r_1 \lambda^{n-1}$ とおく．$\nu = \dfrac{\zeta_3 u_3}{u_2}$，$\nu' = \dfrac{u_1}{\zeta_3 u_2}$ とすると，次が得られる：

$$a^3 + \nu b^3 = \nu' c^3. \tag{6.15}$$

今，$\lambda \nmid ab$ であり λ は c をちょうど $n-1$ 回割る．また，「基本事実」の(b)より，ν, ν' は $\pm 1, \pm \zeta_3, \pm \zeta_3^2$ のどれかである．$\lambda | c$ より(6.15)の右辺は λ^3 で割り切れる．補題6.1を用いて(6.15)の左辺を $\bmod \lambda^4$ で計算すると，今までの議論と同様にして $\nu = \pm 1$ がわかる．かくして，$n \geqq 2$ で(6.12)をみたす解 (x, y, z) から出発して，$\lambda \nmid x'y'$ かつ λ が z' をちょうど $n-1$ 回割るような解 (x', y', z') を得た．帰納的にこれを繰り返すと λ が z をちょうど1回割るような解が得られ，先の結果と矛盾する．かくして定理6.6の証明が終わる．

　Fermat の最終定理は n が素数 p の場合のみに示せば十分である．一般の素数 p でも，1の原始 p 乗根を付け加えた体 $\mathbb{Q}(\zeta_p)$ の整数の環 $\mathbb{Z}[\zeta_p]$ で $\prod_{i=0}^{p-1}(x - \zeta_p^i y) = z^p$ なる因数分解による議論は可能だろうか？　実は $\mathbb{Z}[\zeta_p]$ は一般には UFD にならず，そのアイデアは破綻する．ただ，この困難こそが代数的整数論を生み出して発展させた原動力なのである．

第**7**章

代数的整数論の
源流を求めて(2)

前章では，数の体系を $\mathbb{Q}(\zeta_3)$ に広げて，$\mathbb{Z}[\zeta_3]$ における「共通因子」や「合同による同値類別」を用いる「Gauss の別証明」で，$X^3 + Y^3 = Z^3$ が非自明解を持たないことを示した．3 以外の素数での Fermat の最終定理の証明も少しずつ進み，$p = 5$ の場合の Legendre と Dirichlet の確執，$p = 7$ の場合の Lamé と Cauchy の確執などはよく知られている[1]．また，環

$$\mathbb{Z}[\zeta_p] = \{a_0 + a_1\zeta_p + \cdots + a_{p-2}\zeta_p^{p-2} \mid a_0, \cdots, a_{p-2} \in \mathbb{Z}\}$$

(7.1)

での既約元分解の一意性が一般の素数 p では必ずしも成立せず[2]，そのせいで一般の素数 p での Fermat の最終定理は前章の方法の類似によってはうまくいかないことが Dirichlet や Cauchy らの当時のドイツやフランスの専門家の間で認識されつつあった．

7.1●Kummer と Dedekind

Kummer (1810-1893) は，最初は超幾何関数や関数論を研究していたが，整数論の世界に足を踏み入れてからの二十数年間，円分体と Fermat の問題の研究に没頭した．$\mathbb{Z}[\zeta_p]$ での既約元分解の様子を数多く計算し，既約元分解の一意性が崩れても機能する円分体の「理想因子」(idealen Primfactoren)の理論を確立した．特に，1847 年に Crelle 誌に出版した記念碑的論文で理

---

1) $p = 5, 7$ での歴史的経緯は[24, 第3章]などを参照のこと．この場合の証明の詳細は[25]などを参照のこと．

2) 素数 $p = 23$ で初めて「既約元分解の一意性」が崩れる．

論の詳細を記している[3]．正確な定式化が書きにくく，具体例も与えにくいので，若干デフォルメして $\mathbb{Z}[\zeta_p]$ に対する理想因子の着想を思い出そう[4]．

Kummer は，「（可換な）積」や「整序関係」を持つ集合 $\mathcal{D}_p$ と写像 Φ_p：$\mathbb{Z}[\zeta_p]\backslash\{0\} \longrightarrow \mathcal{D}_p$ の組 $(\mathcal{D}_p, \Phi_p)$ で次の条件をみたすものを構成した．

- (D1) ある元 $1_{\mathcal{D}_p} \in \mathcal{D}_p$ が存在して，勝手な $A \in \mathcal{D}_p$ に対して $A1_{\mathcal{D}_p} = A$ が成り立つ．

- (D2) それ以上積に分解できない $\mathcal{D}_p$ の元を（理想）素因子と呼ぶとき，$\mathcal{D}_p$ における「素因子分解の一意性」が成り立つ．

- (D3) 「$\mathbb{Z}[\zeta_p]\backslash\{0\}$ で $x|x' \Longleftrightarrow \mathcal{D}_p$ で $\Phi_p(x)|\Phi_p(x')$」なる同値性が成り立つ．

- (D4) 勝手な $x, x' \in \mathbb{Z}[\zeta_p]\backslash\{0\}$ に対して，$\Phi_p(xx') = \Phi_p(x)\Phi_p(x')$ が成り立つ．

- (D5) $x \in \mathbb{Z}[\zeta_p]\backslash\{0\}$ に対して，「$\Phi_p(x) = 1_{\mathcal{D}_p} \Longleftrightarrow x$ は単元」なる同値性が成り立つ．

- (D6) 勝手な $x, x' \in \mathbb{Z}[\zeta_p]\backslash\{0\}$ と $A \in \mathcal{D}_p$ に対して，$A|\Phi_p(x)$ かつ $A|\Phi_p(x')$ ならば $A|\Phi_p(x \pm x')$ が成り立つ．

- (D7) $A|B$ かつ $A \neq B$ なる勝手な $A, B \in \mathcal{D}_p$ に対して，$A|\Phi_p(x)$ かつ $B \nmid \Phi_p(x)$ なる $x \in \mathbb{Z}[\zeta_p]$ が存在する．

元 $x \in \mathbb{Z}[\zeta_p]\backslash\{0\}$ が存在して $A = \Phi_p(x)$ と書ける理想因子を，**主因子**と呼ぶ．上の性質(D1)から(D7)より，$\mathbb{Z}[\zeta_p]$ が UFD であるための必要十分条件は $\mathcal{D}_p$ のすべての因子が主因子となることである．$\mathbb{Z}[\zeta_p]$ が UFD でない最小の素数 $p = 23$ でも計算は大変なので，円分体を外れて第4章で論じた $\mathbb{Z}[\sqrt{-5}]$ を考えると，

$$6 = 2 \times 3 = (1+\sqrt{-5}) \times (1-\sqrt{-5}) \tag{7.2}$$

と既約元分解の一意性が崩れ，$2, 3, 1+\sqrt{-5}, 1-\sqrt{-5}$ はどれも「数」として既

---

3) Kummer 自身は理想（複素）数(ideale complexe Zahlen)とも呼んでいたが，$\mathbb{Q}(\zeta_p)$ の元としての「実在の数」ではない．Kummer の理想因子は，今日の代数幾何での因子(divisor)の概念，体 $\mathbb{Q}(\zeta_p)$ 上への付値の延長の概念と非常に近い．

4) 以下の $\mathcal{D}_p$ の定式化は，Kummer の論文の $\mathbb{Z}[\zeta_p]$ の理想因子の「意訳」であり，Kummer の定式化とまったく同じではない．そもそも，Kummer の当時は，現在我々が普通に使う集合，代数の言葉はまだ存在せず，数学的表現の仕方も今とは違っていた．

約であった．この場合の理想因子 $(\mathcal{D}, \Phi)$ を考えると[5]，素因子 P_1, P_2, P_3 によって，

$$\Phi(2) = P_1^2, \qquad\qquad \Phi(3) = P_2 P_3,$$
$$\Phi(1+\sqrt{-5}) = P_1 P_2, \qquad \Phi(1-\sqrt{-5}) = P_1 P_3 \tag{7.3}$$

と分解できる．(7.2)式のどちらの分解も $P_1^2 P_2 P_3$ と表され，$\Phi(6) \in \mathcal{D}$ は一意な素因子分解を持つ．Kummer は，同論文で次の**因子類の有限性定理**を示した．

定理 7.1

　$A, A' \in \mathcal{D}_p$ に対して，ある元 $x \in \mathbb{Z}[\zeta_p] \setminus \{0\}$ が存在して，$A = \Phi_p(x) A'$ または $A' = \Phi_p(x) A$ となるとき A と A' は同値であるとする．このとき，この同値による $\mathcal{D}_p$ における同値類は有限となる．

　上の定理で現れた同値類の個数を $h(\mathbb{Q}(\zeta_p))$ と記す各理想因子 $A \in \mathcal{D}_p$ に対して，$\Phi_p(x_1), \cdots, \Phi_p(x_r)$ が $\mathrm{mod}\, A$ で互いに合同でないような $x_1, \cdots, x_r \in \mathbb{Z}[\zeta_p]$ が存在する最大の自然数 r を $N(A)$ として，これを A のノルムと呼ぶ．このような理想因子のノルムを計算して評価することで有限性の証明がなされた．

　Kummer は，理想因子を応用して，1847 年に出版された別の論文で次の結果を公表した．

定理 7.2

　次の 2 条件を仮定する．

（A）　$h(\mathbb{Q}(\zeta_p))$ は p で割り切れない．

（B）　$\mathbb{Z}[\zeta_p]$ の単元 u が $\mathrm{mod}\, p$ である整数と合同ならば，u は p 乗数である．

　このとき，$X^p + Y^p = Z^p$ は $xyz \neq 0$ なる解を $\mathbb{Z}[\zeta_p]$ の中に持たない．

---

[5] Kummer は，Gauss らの 2 次形式の整数論に大きな影響を受けたが，2 次体上の理想因子の理論は明示的に与えていない．

前章の $p=3$ の証明と比べると，議論は複雑になるが，基本的な考え方は同じである．定理 7.2 は証明しないが，いくつか大事な注意をしておきたい．

まず，Kummer は，さらに 3 年後の論文で，(A) から (B) が導かれ (B) は不要になることも示している．(A) をみたす素数 p は現代では**正則**な素数と呼ばれる．その後の Kummer は，正則な素数 p はどれくらいあるか？　与えられた素数 p が正則であるかをどう確かめるか？　という問題意識を持ち，Bernoulli 数を用いた有名な素数の正則性の「Kummer 判定条件」[6] を発表した．$h(\mathbb{Q}(\zeta_p))$ の値を手で計算するのは大変であるが，1850 年頃には，100 以下の素数で $p=37, 59, 67$ のみが非正則であることを確かめていた．その当時は非正則な素数は素数全体の中で例外的であると思っていたようである．研究の中心テーマが円分体から離れた後も $h(\mathbb{Q}(\zeta_p))$ の計算を根気強く続け，1874 年には非正則な素数 $101, 103, 131, 149, 157$ を発表し，非正則な素数は決して例外的ではないと考えを改めている．

Kummer よりはるか後の Siegel の確率的議論によって，素数全体のうちで正則なものの割合は $e^{-\frac{1}{2}} \doteqdot 0.6065$ であろうと推測されており [7]，実は非正則な素数の無限性は上述の Kummer の判定条件を用いて初等的に示せる [8]．一方，正則な素数の無限性は未解決の問題である．現代では計算機の進歩によって，非正則な素数の計算も大きく進んでいる [9]．

当時の数学の言葉自体が未成熟であったことに加えて Kummer 自身もうまく説明できなかったので，理想因子は，実体感のないものとしてあまり受け入れられなかったようである．そのせいか，Kummer も，上述の 1947 年の論文では，説得の手段として化学実験の例えを論じて理想因子の構成手順を試薬を加える手順になぞらえたり，理想因子の実在を当時の化学では単離に成功していなかったフッ素に対比させている．

少し後の Dedekind (1831-1916) は，Kummer の理想因子のように「新しく

---

6) 例えば，『整数論（下）』（ボレビッチ・シャファレビッチ著，佐々木義雄訳，吉岡書店）の第 5 章 §5 を参照.

7) 例えば，『Introduction to Cyclotomic Fields』（L. Washington 著，Springer）の §5.3 の議論を参照のこと.

8) 例えば，前脚注『整数論（下）』の第 5 章 §7 を参照.

9) 2016 年現在の状況は，

　　https://arxiv.org/pdf/1605.02398.pdf

で入手可能な William Hart, David Harvey, Wilson Ong による論文 "Irregular primes to two billion" でわかり，2^{31} 以下の非正則素数に関する数表や歴史的経緯，計算環境の説明がある.

外に創造された実在感のない対象」でなく「既にある数の体系 $\mathbb{Q}(\zeta_p)$ の中の対象」で説明がつくと考え,「イデアル」という(等価ではあるが)別の概念を導入した.Dedekind が Dirichlet の講義をまとめた『ディリクレ・デデキント整数論講義』(酒井孝一訳,共立出版)の第 2 版巻末補遺(1871 年)で,複素数体の中の「(代数)体」,「代数的整数」の概念を初めて定義し,イデアルの理論を導入した.そして,第 4 版に至るまで理論の整備と簡略化に努めた.Dedekind の理論は次節で紹介したい.

Wilhelm Richard Dedekind
(1831-1916)

Kummer は Fermat の問題のために円分体に特化して代数的整数論を確立したが,Dedekind はすべての代数体に通用する幅広い基礎づけを確立した.Dedekind は,1872 年出版の『無理数と連続数』で有名な「切断」の考えを公表し,1888 年初版の『数とは何かそして何であるべきか』では集合,論理や無限を論じた[10].当時の数学の認識は,現代のような集合や論理に関する理論的な土台がなかった.Dedekind の著作は,さまざまな影響や議論を引き起こしたようである.代数体やイデアルなどの代数的整数論の確立は,無限や集合の理解を介して,Dedekind の意識の中では集合論や実数論の基礎とも有機的に繋がっていたのだろうか? たしかに,切断による実数 $\mathbb{R}$ の定義も,$\mathbb{Q}$ から $\mathbb{R}$ への「新しく外に創造された対象」への埋め込みでなく「既に存在している $\mathbb{Q}$ の言葉で」書こうとしている.イデアルを導入した精神と通じているのかもしれない.

さて,理想因子などがわかりにくかった Kummer 流の整数論も Kronecker, Hensel, Hasse に引き継がれ成長していった.一方,対立する Dedekind のイデアル論も Hilbert によって定着し,現代の代数の基本的となった.現代の整数論では理想因子とイデアルの考え方や両者の精神は融合して受け入れられている.

---

[10] 二つの著作は,『数とは何かそして何であるべきか』(ちくま学芸文庫,Dedekind 著,渕野昌訳・解説)に所収.

　Kummer の研究の流れや一連の論文の内容の詳細に関しては，Kummer の全集1巻の Weil による Kummer 略伝，足立恒雄の[24]，Edwards の[25] を挙げておきたい．

7.2 ◉ 代数体，イデアル類群，単数群

　第2章で論じた d 次の代数的数 $\theta \in \overline{\mathbb{Q}}$ をとるとき，$\mathbb{C}$ の部分集合 $\mathbb{Q}(\theta)$ を
$$\{a_0 + a_1\theta + \cdots + a_{d-1}\theta^{d-1} \mid a_0, \cdots, a_{d-1} \in \mathbb{Q}\}$$
で定める．このような $K = \mathbb{Q}(\theta)$ は体になり，(d 次の)**代数体**と呼ばれる．勝手な $x \in K$ に対して，$a_0, \cdots, a_{d-1} \in \mathbb{Q}$ が存在して
$$x^d = a_0 + a_1 x + \cdots + a_{d-1} x^{d-1} \tag{7.4}$$
と表される．(7.4)において $a_0, \cdots, a_{d-1} \in \mathbb{Z}$ にとれるとき，$x \in K$ を**代数的整数**と呼ぶ．K の中の代数的整数すべての集合を $\mathcal{O}_K$ と記す．$x, y \in \mathcal{O}_K$ に対して $x+y, xy \in \mathcal{O}_K$ となること，つまり $\mathcal{O}_K$ は環になることも確かめられる．$\mathcal{O}_K$ を K の整数環と呼ぶ．

定義 7.1

　K を代数体とするとき，部分集合 $\mathfrak{A} \subset \mathcal{O}_K$ が**(整)イデアル**であると

は，勝手な $x \in \mathcal{O}_K$，勝手な $\alpha, \alpha' \in \mathfrak{A}$ に対して，$x\alpha, \alpha + \alpha' \in \mathfrak{A}$ となることをいう．また，$\{0\}$ でない部分集合 $\mathfrak{A} \subset K$ が**分数イデアル**であるとは，$x \in \mathcal{O}_K \backslash \{0\}$ が存在して $x\mathfrak{A}$ が整イデアルとなることをいう．

　勝手な分数イデアル $\mathfrak{A}$ に対して，どれか一つは 0 でないような有限個の元 $\alpha_1, \cdots, \alpha_r \in K$ が存在して，

$$\mathfrak{A} = \{\alpha_1 x_1 + \cdots + \alpha_r x_r \,|\, x_1, \cdots, x_r \in \mathcal{O}_K\}$$

となることが知られている．この $\mathfrak{A}$ を $\alpha_1, \cdots, \alpha_r$ で生成される分数イデアルと呼び，$(\alpha_1, \cdots, \alpha_r)$ で表す．また，特に $r = 1$ にとれるとき，分数イデアル $\mathfrak{A}$ を $\alpha = \alpha_1$ で生成される**単項分数イデアル**と呼んで，(α) で表す．$\mathcal{O}_K$ が UFD ならば，すべての分数イデアル $\mathfrak{A}$ は単項分数イデアルである．

定義 7.2

　$\mathcal{O}_K$ の分数イデアル $\mathfrak{a}, \mathfrak{b}$ に対して，

$$\mathfrak{a}\mathfrak{b} = \left\{ \sum_{\text{有限和}} \alpha_i \beta_i \in K \,\middle|\, \alpha_i \in \mathfrak{a}, \ \beta_i \in \mathfrak{b} \right\}$$

は分数イデアルになるので，これで積を定義する．

定理 7.3

　$\mathfrak{a}$ を $\mathcal{O}_K$ の分数イデアルとし，

$$\mathfrak{a}^{-1} := \{\alpha \in K \,|\, \alpha\mathfrak{a} \subset \mathcal{O}_K\}$$

とおくとき，$\mathfrak{a}^{-1}$ も $\mathcal{O}_K$ の分数イデアルで，$\mathfrak{a}\mathfrak{a}^{-1} = \mathcal{O}_K$ が成り立つ．

　整イデアル $\mathfrak{A}$ に対して「$ab \in \mathfrak{A}$ ならば $a \in \mathfrak{A}$ または $b \in \mathfrak{A}$」が成り立つとき，$\mathfrak{A}$ は**素イデアル**であるという．$K = \mathbb{Q}$ のときには，素数 p に対して素イデアル (p) を考えることで，素数と $\{0\}$ でない素イデアルとが一対一に対応している．

定理 7.4（イデアル論の基本定理）

　代数体 K の整数環 $\mathcal{O}_K$ の勝手な分数イデアル $\mathfrak{a}$ は素イデアルの積 $\mathfrak{a} = \mathfrak{p}_1^{m_1} \cdots \mathfrak{p}_r^{m_r}$（$\mathfrak{p}_1, \cdots, \mathfrak{p}_r$ は異なる素イデアル，$m_1, \cdots, m_r$ は整数）と書け，その表し方は順序の交換を除いて一意的である．

この節の冒頭からここまで，足早に『ディリクレ・デデキント整数論講義』の巻末補遺で公表された言葉や理論を振り返った．代数体 K が円分体のときに限れば，Kummer の結果をイデアルの言葉で復元したものでもある．最後の素イデアル分解の一意性の例として，前節と同様に $\mathbb{Z}[\sqrt{-5}]$ を考える．イデアル

$$\mathfrak{p}_1 = (2, 1+\sqrt{-5}), \qquad \mathfrak{p}_2 = (3, 1+\sqrt{-5}), \qquad \mathfrak{p}_3 = (3, 1-\sqrt{-5})$$

を考える．このとき，$2, 3, 1+\sqrt{-5}, 1-\sqrt{-5}$ は $\mathcal{O}_K$ の既約元であるが，これらの元が生成するイデアルは

$$(2) = \mathfrak{p}_1^2, \qquad\qquad (3) = \mathfrak{p}_2\mathfrak{p}_3,$$
$$(1+\sqrt{-5}) = \mathfrak{p}_1\mathfrak{p}_2, \qquad (1-\sqrt{-5}) = \mathfrak{p}_1\mathfrak{p}_3 \qquad\qquad (7.5)$$

と分解して，$(6) = \mathfrak{p}_1^2\mathfrak{p}_2\mathfrak{p}_3$ となる．

さて，これまでに登場した「環」や「体」と並んで大事な代数学の言葉として「群」がある．

定義 7.3

集合 G の勝手な元 g, g' に対して積と呼ばれる新しい元 $gg' \in G$ が対応し，さらに次の 3 条件がみたされるとき，G を**群**と呼ぶ．

1. 単位元と呼ばれる $e \in G$ が存在して，勝手な $g \in G$ に対して，$ge = eg = g$．
2. 勝手な $g, g', g'' \in G$ に対して，$(gg')g'' = g(g'g'')$．
3. 勝手な $g \in G$ に対して，$gh = hg = e$ となる $h \in G$ が存在する．h を g の逆元と呼び g^{-1} と記す．

勝手な $g, g' \in G$ で $gg' = g'g$ が成立する G を**アーベル群**と呼び，$\#G < \infty$ なる G を**有限群**と呼ぶ．

代数的整数論で非常に大事な二つの群を紹介しよう．

定義 7.4

K を代数体とする．

1. 定理 7.3 のおかげで群の定義 7.3 の逆元の存在がみたされ

98

るので，K の分数イデアル全体の集合 I_K は群になる．また，単項な分数イデアル全体の集合 P_K も群になる．$\mathfrak{A}, \mathfrak{A}' \in I_K$ に対して，ある $(x) \in P_K$ が存在して $\mathfrak{A} = (x)\mathfrak{A}'$ となるときに $\mathfrak{A}$ と $\mathfrak{A}'$ は同値と定める．この同値関係による商

$$\mathrm{Cl}_K := I_K / P_K$$

は自然にアーベル群となり，K の**イデアル類群**と呼ばれる．

2. $\mathcal{O}_K$ の単元全体を $\mathcal{O}_K^\times$ と記すとき，$\mathcal{O}_K^\times$ は群になり，K の**単数群**と呼ばれる．

Cl_K の定義より，Cl_K が単位元 e のみからなる自明な群であることと $\mathcal{O}_K$ が UFD であることは同値である．Cl_K は「K がどれくらい UFD から遠いか」を測る群であるといえる．

定義 7.5

代数体 K の整イデアル $\mathfrak{A} \subset \mathcal{O}_K$ の**ノルム**を，互いに mod $\mathfrak{A}$ で合同でない $\mathcal{O}_K$ の元 $x_1, \cdots, x_r$ が存在する最大の自然数 r として定義する．$\mathfrak{A}$ のノルムを $N(\mathfrak{A})$ と記す．$\mathfrak{A} \subset K$ を分数イデアルとするとき，$\mathfrak{A} = \mathfrak{A}_1 \mathfrak{A}_2^{-1}$（$\mathfrak{A}_1, \mathfrak{A}_2$ は整イデアル）と表して，

$$N(\mathfrak{A}) = \frac{N(\mathfrak{A}_1)}{N(\mathfrak{A}_2)}$$

と定める．これを分数イデアル $\mathfrak{A}$ の**ノルム**と呼ぶ．

Dedekind はこのノルムを計算して評価することで，次の定理を示した[11]．

定理 7.5（Dedekind）

K を代数体とするとき，イデアル類群 Cl_K は常に有限アーベル群となる．

有限アーベル群 Cl_K の集合としての位数を K の**類数**と呼び，$h(K)$ と記す．

---

11) 例えば[26]の付録(3)に，有限性定理の Hurwitz による改良された証明や Kronecker の研究などの初期の様子が語られており，源流を感じる手がかりがある．

$K = \mathbb{Q}(\zeta_p)$ のときに限定すると，理想因子 $\mathcal{D}_p$ の同値類の集合とイデアル類の集合 Cl_K は同一視され，定理 7.5 は定理 7.1 を復元する．

7.3 ◦ 2次体と円分体

前章で解説した Lagrange, Legendre, Gauss らによる「整係数 2 元 2 次形式の整数論」は「2 次体の整数論」に翻訳される．まず，2 次体 K の整数環 $\mathcal{O}_K$ は以下のように与えられる．

命題 7.1

d は平方因子を持たない整数，$K = \mathbb{Q}(\sqrt{d})$ とするとき，

$$\mathcal{O}_K = \{x + \omega x' \,|\, x, x' \in \mathbb{Z}\} \tag{7.6}$$

となる．ただし，ω は以下のとおりとする．

$$\omega = \begin{cases} \dfrac{1+\sqrt{d}}{2} & d \equiv 1 \bmod 4, \\[2mm] \sqrt{d} & d \equiv 2, 3 \bmod 4. \end{cases}$$

証明

勝手な $\alpha \in K$ をとると，

$$\alpha = a + b\sqrt{d} \qquad (a, b \in \mathbb{Q})$$

と書ける．$b = 0$ のとき，「$\alpha \in \mathcal{O}_K$」$\Longleftrightarrow$「$a \in \mathbb{Z}$」である．このとき，α が (6) の集合に入ることはすぐわかる．$b \neq 0$ のとき，$\overline{\alpha} = a - b\sqrt{d}$ とおくと，

$$(X-\alpha)(X-\overline{\alpha}) = X^2 - 2aX + (a^2 - b^2 d)$$

となる．「$\alpha \in \mathcal{O}_K$」$\Longleftrightarrow$「$2a \in \mathbb{Z}$ かつ $a^2 - b^2 d \in \mathbb{Z}$」であるこのとき，$\alpha$ が (6) の集合に入ることは簡単な合同式の計算で確かめられる．逆に，$\alpha \in \mathcal{O}_K$ ならば α が (7.6) の集合に入ることもすぐに確かめられる．

2 次形式と 2 次体を論じる前にいくつか準備しておく．

定義 7.6

$x \in K \backslash \{0\}$ に対して，$f(x) = 0$ となる既約モニック多項式を $f(X)$

$\in \mathbb{Q}[X]$ とするとき，$f(X)$ のすべての根の積が正ならば，x は**ノルム正**であるという．ノルム正な x で生成される単項分数イデアルのなす群を P_K^+ と記す．前節の定義 7.4 と似たように，

$$\mathrm{Cl}_K^+ := I_K / P_K^+$$

と定めると Cl_K^+ は自然にアーベル群となり，これを K の**狭義のイデアル類群**と呼ぶ．また，Cl_K^+ の位数を K の**狭義類数**と呼び，$h^+(K)$ と記す．

代数体 K に対して，定義より全射 $\mathrm{Cl}_K^+ \twoheadrightarrow \mathrm{Cl}_K$ があるので $h(K) \mid h^+(K)$ となる．さらに，$\dfrac{h^+(K)}{h(K)}$ は 2 ベキの自然数となる．2 次体 K のうち，$\mathbb{R}$ に入るものを**実 2 次体**，そうでないものを**虚 2 次体**と呼ぶ．K が虚 2 次体のときには，勝手な $x \in K \setminus \{0\}$ はノルム正なので Cl_K^+ と Cl_K は一致する．K が実 2 次体のときは，Cl_K^+ と Cl_K は一致するときもそうでないときもあり，後者の場合は $\dfrac{h^+(K)}{h(K)} = 2$ となる．

定義 7.7

$f(X, Y) = aX^2 + bXY + cY^2$ を判別式 D の整係数 2 元 2 次形式とする（$a > 0$，D は平方数でないと仮定する）．$aX^2 + bX + c = 0$ の根 $\dfrac{-b \pm \sqrt{D}}{2a}$ のうち $\sqrt{D}$ の係数が正のものを θ_f，分数イデアル $(1, \theta_f)$ を $\mathfrak{A}_f$ とおく．

定理 7.6

$K = \mathbb{Q}(\sqrt{D})$ を 2 次体とするとき，$f(X, Y) \mapsto \mathfrak{A}_f$ なる対応で与えられる次の全単射がある．

$$\{\text{判別式 } D \text{ の整係数 2 元 2 次形式の同値類}\} \longrightarrow \mathrm{Cl}_K^+.$$

また，逆写像は，

$$\mathfrak{A}_{(\omega_1, \omega_2)} = \{x\omega_1 + y\omega_2 \mid x, y \in \mathbb{Z}\}$$

と表示される分数イデアルの同値類に対して[12]，

$$f_{\omega_1, \omega_2} = N(\mathfrak{A}_{(\omega_1, \omega_2)})^{-1}(\omega_1 X + \omega_2 Y)(\overline{\omega_1} X + \overline{\omega_2} Y)$$

---

12) 説明は省くが，加群の理論のごく基本的な議論によって，勝手な $\mathcal{O}_K$ の分数イデアル $\mathfrak{A}$ に対して，$\omega_1, \omega_2 \in K$ が存在して $\mathfrak{A} = \mathfrak{A}_{(\omega_1, \omega_2)}$ と表せる．

なる 2 次形式の同値類を与える対応である．ただし，2 次の無理数 $\omega_i \in K$ $(i = 1, 2)$ に対して，$\overline{\omega_i}$ は $\omega_i + \overline{\omega_i}, \omega_i \overline{\omega_i} \in \mathbb{Q}$ となる一意的な K の元である．

上の全単射によって，前章で紹介した，Gauss の『Disquisitiones Arithmeticae』(以下，『D.A.』と略記)で説明された整係数 2 元 2 次形式同士に定まる合成積は群 Cl_K^+ の積に対応することにも注意したい．

前章で論じた判別式 D の整係数 2 元 2 次形式 $f(X, Y)$ による整数の「表示問題」を考えると，2 次体 $\mathbb{Q}(\sqrt{D})$ のイデアル類群は，$f(X, Y) = n$ による表示の存在を D や n だけで判定できるかどうかを測る大事な不変量である．$\mathbb{Q}(\sqrt{D})$ の単数群は，$f(X, Y)$ の自己同値に対応するので，$f(X, Y) = n$ の解をすべて求めることに関係する．また，定理 7.2 の条件 (A), (B) はそれぞれ円分体 $\mathbb{Q}(\zeta_p)$ のイデアル類群，単数群に関する条件であった．

このように，与えられた代数体 K のイデアル類群と単数群という二つの群は，しばしば整数論の具体的な問題に関係し，重要な情報を含む群である．

7.4●Gaussからの宿題？

$h(D)$ を判別式 D を持つ整係数 2 元 2 次形式の類数とする．Gauss は『D.A.』の 303 条において，膨大な計算に基づいて $D < 0$ が動くときの $h(D)$ の振る舞いを観察し，次が成り立つだろうと述べている．

予想 7.1
___
各自然数 h で，$h(D) = h$ となる平方因子を持たない判別式 $D < 0$ は有限個しかない．

この予想は，『D.A.』の初版の出版より 130 年以上後に解決した．証明に立ち入らずにこの話を紹介したい．

実はこの問題の解決の歴史には，前章の Riemann 予想が登場する．最初の転機は，Hecke による結果である．$\chi_D : \mathbb{Z} \longrightarrow \mathbb{C}$ を，$a^2 \equiv D \bmod p$ なる $a \in \mathbb{Z} \setminus \{0\}$ が存在する素数 p では $\chi_D(p) = 1$，それ以外の素数 $p \nmid D$ では $\chi_D(p) = -1$ であるような Dirichlet 指標とする．$p \nmid D$ ならば常に $\chi_D(p)^2 = 1$ とな

102

るので，このような Dirichlet 指標 χ_D は **2 次の Dirichlet 指標**と呼ばれる．第 5 章で少し触れた Dirichlet の算術級数定理の証明の際に現れた $L(s, \chi_D)$ を考える．Hecke が示した以下の定理は，1918 年頃に Landau らによって公表されている．

定理 7.7（Hecke）

ある（D によらない）正の実定数 b, c が存在して，$\sigma > 1 - \dfrac{b}{\log |D|}$ で $L(\sigma, \chi_D) \neq 0$ ならば，不等式 $h(D) > \dfrac{c\sqrt{|D|}}{\log |D|}$ が成立する．

さて，第 5 章で紹介した Riemann 予想の以下のような一般化が多くの数学者によって信じられている．

予想 7.2（一般 Riemann 予想）

$L(s, \chi_D) = 0$ かつ $\mathrm{Re}(s) > 0$ となる複素数 s は $\mathrm{Re}(s) = \dfrac{1}{2}$ 上にある．

$|D|$ が十分大きければ $1 - \dfrac{b}{\log |D|} > \dfrac{1}{2}$ なので，Hecke による定理 7.7 によって，一般化 Riemann 予想から Gauss の予想が従うことがわかる．

整数論では，有名な予想を仮定して何かを証明する研究がある．このような研究から，もとの問題の解決に直接つながることもあるし[13]，もとの問題の解決にはつながらなくても正しいと信じられた予想と結びつくことで数学的に面白い新しい景色が見えてくることもある．特に，（一般）Riemann 予想を仮定して何かを証明することは整数論でしばしばある．

さて，驚くべきことに，Deuring は，1934 年に，Riemann のゼータ関数 $\zeta(s)$ の Riemann 予想が正しくないと仮定して，$h(D) = 1$ となる判別式 $D < 0$ の有限性を示した．Mordell がただちにこれを一般化し，$\zeta(s)$ の Riemann 予想が正しくないと仮定して，勝手な正整数 h に対して $h(D) = h$ となる判別式 $D < 0$ の有限性を示した．つまり，$\zeta(s)$ の Riemann 予想の否定から Gauss の予想（予想 7.1）が導かれたのである．

---

13) Ribet が志村-谷山予想から Fermat の最終定理を導いた研究が，Wiles が志村-谷山予想を解こうとする強い動機を引き起こし，Fermat の最終定理が解決した例が典型的だろう．

これに触発され，同年に，Heilboronn は $L(s, \chi_D)$ に対する一般 Riemann
予想が正しくないと仮定して予想 7.1 が正しいことを示した．かくして，
$L(s, \chi_D)$ に対する一般 Riemann 予想が正しくても正しくなくても同じ結論
に達するので，次の定理が得られた．

定理 7.8 (Hecke-Deuring-Mordell-Heilbronn)

予想 7.1 は正しい．つまり，勝手な正整数 c に対してある C が存在
して，$|D| > C$ ならば $h(D) > c$ となる．

この定理より，$h(D) = 1$ となる判別式 $D < 0$ で平方因子を持たないもの
は有限個である．前節で述べたように判別式 $D < 0$ に対して $h(D) =$
$h(\mathbb{Q}(\sqrt{D}))$ なので，類数 1 の虚 2 次体は有限個である．これらの虚 2 次体を
すべて決定できるだろうか？ Gauss の『D.A.』の 303 条によると，
$$d = -3, -4, -7, -8, -11, -19, -43, -67, -163$$
で $h(\mathbb{Q}(\sqrt{d})) = 1$ である．Gauss は $-3000 \leqq D$ なる判別式 $D < 0$ のすべて，
$-10000 \leqq D$ なる判別式 $D < 0$ の一部で 2 次形式の類数 $h(D)$ を計算して，
（2 次体の言葉に翻訳すると）この 9 個の虚 2 次体以外にないのではないか？
と予想している．

さて，整数論ではしばしば何らかの量の有限性を与える結果が大事だが，
そのような有限性の結果には，**効果的**(effective)**な有限性**と**非効果的**
(ineffective)**な有限性**の 2 種類があり，もちろん前者の方がより良い理想的
な結果である．定理 7.8 を例にとると，c を決めたときに，C を具体的に決
める手続きが与えられていれば効果的であり，C は存在するが c から決める
手続きを与えられないならば非効果的である．もし仮に定理 7.8 が効果的で
あったならば，$c = 1$ のときの C が決まり，$|D| \leqq C$ なる有限個の $D < 0$ で
すべて $h(D)$ を計算すればよい．残念ながら，Hecke-Deuring-Mordell-
Heilbronn の証明は非効果的なので，どれくらいの範囲の $|D|$ で $h(D)$ を計
算すればよいかの保障がないのである．

Heilbronn-Linfoot らによる証明の改良により，上の 9 個以外に類数 1 の虚
2 次体 $\mathbb{Q}(\sqrt{d})$ は高々 1 個，その場合は $|d| > 5 \cdot 10^8$ ということはすぐにわか
ったが，この「幻の 10 番目の類数 1 の虚 2 次体」が存在しないことは長らく
証明できなかった．

1952 年にドイツの高校教師 Heegner（1893-1965）が，モジュラー関数や虚数乗法論という理論を応用して，次の定理を Mathematische Zeitschrift 誌に発表した.

定理 7.9

類数 1 の虚 2 次体は上述の 9 個に限る.

ただ，当初，Deuring らが論文に問題点があると指摘したことにより，Heegner の結果は間違いとされ忘れ去られた. だいぶ後の 1967 年に Stark が定理 7.9 の「正しい」証明を出版し[14]，その証明は結果的に Heegner のものと近かった. Stark の結果の 1 年後には Deuring らが Heegner の証明の修正を発表し，Heegner の証明も本質的には正しかったと認識が改められた. Heegner は 1965 年にこの世を去ったが，彼の名前の付いた「Heegner 点」や「Heegner サイクル」は近年の整数論研究でよく目にする概念である. 当の本人も，自身の結果が「復権」し名前がかくも浸透していることに草葉の影で驚いているだろうか?[15]

一方で，前章で見たように判別式 $D > 0$ では，整係数 2 元 2 次形式による整数の表示問題はまったく様子が違う. Gauss の『D.A.』の 304 条には $D > 0$ の場合も論じられており，以下の予想が提起されている.

予想 7.3

整係数 2 元 2 次形式の類数が $h(D) = 1$ となる判別式 $D > 0$ は無限個存在するだろう.

2 次体の言葉で言えば類数 1 の実 2 次体が無限個あるという予想であるが，19 世紀や 20 世紀に発展した数論の理論でうまく捉えられておらず，Gauss からの宿題のこちらの方はまだ未解決である.

---

14) Stark の少し後に，Baker は，第 3 章で紹介した超越数論の対数 1 次形式の理論を用いて Hecke-Deuring-Mordell-Heilbronn の非効果的な議論を効果的にし，定理 7.9 の別証明を得た.

15) 修正された Heegner の証明については解説がたくさんあるようである. 例えば I. R. Shafarevich 著 "On the problem of the 10th discriminant"（St. Petersburg Math. J. vol. 25, pp. 699-711, 2014）を参照のこと.

第**8**章
整数論における局所と大域

　整数論ではしばしば合同類の考え方が有効である．例えば，不定方程式 $X^2+5Y^2-7Z^2=0$ を考えよう．$(0,0,0)$ は明らかに解となるので，自明な解と呼びたい．もし整数解 (x,y,z) があれば $x^2 \equiv 2z^2 \bmod 5$ となる．しかしながら，5 で割れない整数 a を動かすとき，a^2 を 5 で割った余りには $1,4$ しか現れず，また $2a^2$ を 5 で割った余りには $2,3$ しか現れない．よって，x,z が 5 で割れない整数解 x,y,z は存在しない．簡単な議論で，x,z が 5 で割れる非自明な解も存在しないことがわかる．整数は無限個あるので，すべての (x,y,z) で確かめようとすれば永久に解の非存在は検証し終わらない．が，このように合同類をみると，非自明な整数解の非存在を有限の手続きで示せるのである．

　各素数 p における $\bmod p$ での非自明な解の存在から，非自明な整数解の存在を示す結果もある．例えば，a,b,c をどの二つも互いに素な整数たちとする．方程式 $aX^2+bY^2+cZ^2=0$ がもし $\bmod p$ で非自明な解を持てば，第 1 章の逐次近似の方法で帰納的に $\bmod p^n$ で非自明な解を持ち，さらに n に関して極限をとると $\mathbb{Z}_p^3$ に非自明な解を持つ．今，次の結果を思い出そう[1]．

定理 8.1（Hasse-Minkowski）

　0 でない有理数 a,b,c を係数とする方程式 $aX^2+bY^2+cZ^2=0$ が $\mathbb{Q}^3$ に非自明な解を持つための必要十分条件は，すべての素数 p での $\mathbb{Q}_p^3$ と $\mathbb{R}^3$ に非自明な解を持つことである．

　方程式 $aX^2+bY^2+cZ^2=0$ が素数 p で $\bmod p$ の非自明な解を持てば，逐

---
1) 定理 8.1 の n 変数 2 次形式への一般化も成立する．例えば，[4] の第 4 章を参照のこと．

106

次近似で $\mathbb{Q}_p^3$ に非自明な解を持つ．実は，a, b, c を割らない素数 p では $\bmod p$ で非自明な解が常に存在するので[2]，$\bmod p$ で非自明な解の存在が問題になるのは p が a, b, c のいずれかを割るときのみである．また，$\mathbb{R}^3$ に非自明な解を持つための必要十分条件は a, b, c の正負が混じっていることである．よって，定理 8.1 より次がわかる[3]．

定理 8.2

a, b, c を，正負が混じりどの二つも互いに素な整数たちとする．このとき，次は同値である．

（i）　$aX^2 + bY^2 + cZ^2 = 0$ が $\mathbb{Z}^3$ に非自明解を持つ．

（ii）　a を割る勝手な素数 p に対して $-bc$ はある平方数と $\bmod p$ で合同で，b と c を割る勝手な素数たちに対しても同様なことが成り立つ．

各素数での $\mathbb{Q}_p$ や $\mathbb{R}$ などの完備な距離空間で考えることをしばしば局所的に考えるという．古来から研究されてきた $\mathbb{Q}$ や $\mathbb{Z}$ での数論は大域的な数論と呼ばれる．一方で，各素数 p ごとの $\mathbb{Q}_p$ における局所的な数論は，後の節でも論じるように $\bmod p$ では調べやすく，さらに $\bmod p^n$ に持ち上げて極限をとれる．まず局所的な数論を調べ，それを寄り集めて大域的な数論を知るのが現代の数論研究の基本的な考え方である．特に，定理 8.1 のように局所解の存在から大域解の存在が従うときに，**局所大域原理**が成り立つという．次数が高い方程式では必ずしも局所大域原理が成立しない．実際，Selmer による有名な例 $3X^3 + 4Y^3 + 5Z^3 = 0$ は，すべての素数 p の $\mathbb{Q}_p^3$ と $\mathbb{R}^3$ に非自明な解を持つが，$\mathbb{Q}^3$ には非自明な解を持たない[4]．このような「局所と大域のずれ」も数論の重要な興味の対象である．

---

2) 例えば，[4] の第 1 章の定理 3 を参照のこと．
3) $aX^2 + bY^2 + cZ^2 = 0$ が $\mathbb{Q}^3$ に非自明な解を持つことと $\mathbb{Z}^3$ に非自明な解を持つことは同値であることに注意したい．
4) この例の解説は，例えば，『楕円曲線入門』(キャッセルズ著，徳永浩雄訳，岩波書店) の §18 を参照のこと．

8.1●合同類と剰余環

この節では,「与えられた数が平方数と $\bmod p$ で合同であるか」という定理 8.2 の問題を論じる準備をする.

整数 $\mathbb{Z}$ の加法・乗法は $\mathbb{Z}$ の $\bmod m$ での合同類の集合に well-defined な加法・乗法を与える. つまり, $k \equiv k' \bmod m$, $l \equiv l' \bmod m$ ならば,

$$k+l \equiv k'+l', \quad kl \equiv k'l' \quad \bmod m$$

となる. よって, $\mathbb{Z}$ の $\bmod m$ での合同類の集合を $\mathbb{Z}/(m)$ と記すと $\mathbb{Z}/(m)$ は環になる. 整数 k に対して, k の合同類 $k+m\mathbb{Z}$ が定める $\mathbb{Z}/(m)$ の元を $\bar{k}$ で表す.

一般に, 環 $A_1, \cdots, A_r$ が与えられると, 直積集合に成分ごとに加法と乗法を定めることで直積環 $A_1 \times \cdots \times A_r$ が定義できる. $m = p_1^{n_1} \cdots p_r^{n_r}$ ($p_1, \cdots, p_r$ は相異なる素数)と素因数分解されるとき, 中国式剰余定理によって, 次のような直積環との同一視がある:

$$\mathbb{Z}/(m) \cong \mathbb{Z}/(p_1^{n_1}) \times \cdots \times \mathbb{Z}/(p_r^{n_r}). \tag{8.1}$$

補題 8.1

$\mathbb{Z}/(m)$ が体になるための必要十分条件は m が素数となることである.

証明

十分性を示そう. p を素数, x を $\mathbb{Z}/(p)$ の 0 でない元とする. $x = \bar{q}$ となる p と素な自然数 q をとると, Euclid の互除法によって $ap+bq = 1$ なる整数 a, b が存在する. 両辺の $\bmod p$ をとると $\bar{b}x = \bar{1}$ となり, 勝手な x が乗法の逆元を持つので, $\mathbb{Z}/(p)$ は体である. 必要性は, (8.1)式と簡単な背理法の議論で証明できるが, 議論は省略する.　□

しばしば, 体 $\mathbb{Z}/(p)$ を $\mathbb{F}_p$ と記す. 次の補題は有限アーベル群に関する初歩的な議論で証明できるが, 無味乾燥になるのを避けて結果のみを述べる.

補題 8.2

$p \geqq 3$ のとき，ある $x \in \mathbb{F}_p^\times$ が存在して，$\mathbb{F}_p^\times = \{x, x^2, \cdots, x^{p-1}\}$ となる．

一般に，有限群 G に対して $g \in G$ が存在して $G = \{g, g^2, \cdots, g^{\#G}\}$ となるとき，G を**巡回群**，$g \in G$ を G の**生成元**という．$\# \mathbb{F}_p^\times = p-1$ であるから，補題 8.2 は「$\mathbb{F}_p^\times$ が巡回群である」という主張にほかならない．$\bar{\alpha} \in \mathbb{F}_p$ が $\mathbb{F}_p^\times$ の生成元となる $\alpha \in \mathbb{Z}$ を p での**原始根**と呼ぶ．補題 8.2 を証明する代わりに具体例などを述べたい．

例えば，$p = 7$ のときは，$\alpha \equiv 3, 5 \mod 7$ ならば原始根である．次の補題は定義からすぐに確認できる．

補題 8.3

$1 \leqq \alpha \leqq p-1$ なる整数 α に対して次の二条件は同値である．

（ⅰ）$p-1$ の勝手な素因子 q で $\alpha^{\frac{p-1}{q}} \not\equiv 1 \mod p$．

（ⅱ）α は p での原始根である．

与えられた p で，$\alpha = 2, 3, 5, 6, 7, \cdots$ [5] と小さい順にこの補題の (ⅰ) を計算して確かめると原始根に遭遇する．例えば，100 以下の素数 p で見ると，半分の奇素数 p では 2 が既に原始根となっており，すべての p が 7 以下の原始根を持つ．また，p での原始根 α を一つみつけると，$1 \leqq r \leqq p-1$ かつ $p-1$ と素な整数 r に対して α^r は p で原始根であり，また勝手な p での原始根はこれらのどれかと $\mod p$ で合同である．よって，$1 \leqq \alpha \leqq p$ なる原始根 α は $\varphi(p-1)$ 個ある [6]．

少し寄り道になるが，上のように小さな数 a を止めて 100 以下の素数 p を動かすと，かなりの場合に原始根となった現象に着目しよう．第 1 章で有理数の無限小数展開を論じた際に，Gauss が $\frac{1}{p}$ の小数展開を生涯計算し続けて結果を蓄積していた逸話や，$\frac{1}{p}$ の小数展開の循環節の長さ k_p が $10^{k_p} \equiv$

---

[5] 4 は平方数なので原始根にはなりえない．

[6] 自然数 m に対して $1 \leqq r \leqq m$ かつ $(r, m) = 1$ となる自然数 r の個数を **Euler 関数** $\varphi(m)$ と定める．

Emil Artin
(1898-1962)

$1 \bmod p$ となる最小の自然数 k_p と等しい事実を紹介した．Fermat の小定理より k_p は $p-1$ の約数である．また，「$\dfrac{p-1}{k_p} = 1 \overset{同値}{\Longleftrightarrow}$ 10 が p での原始根」である．Gauss は，p を動かしても $\dfrac{p-1}{k_p}$ の値がたいてい小さく，あまり変動しない現象に気づいていた．Gauss の観察から 100 年以上を経た 1920 年台後半に Emil Artin は次を予想した．

予想 8.1（Artin の原始根予想）
a を ± 1 でなく平方数でもない勝手な自然数とする．このとき，a が p での原始根となるような素数は無限個あるだろう．

現時点ではこの予想は解決からほど遠いが，一般 Riemann 予想を仮定すると強く正確な結果が導かれる．それを述べる準備として，代数体 K の **Dedekind のゼータ関数** $\zeta_K(s)$ を定義する．$\zeta_K(s)$ は $\mathrm{Re}(s) > 1$ で収束する次の Dirichlet 級数で定義される：

$$\zeta_K(s) = \sum_{\mathfrak{A}: K \text{の零でない整イデアル}} \dfrac{1}{N(\mathfrak{A})^s}.$$

第 5 章の Riemann のゼータ関数 $\zeta(s)$ と同様に，$\mathbb{C}\setminus\{1\}$ に解析接続され $s = 1$ で 1 位の極を持つ．また，前章の定理 7.4 の素イデアル分解の一意性により，$\zeta_K(s)$ は次の Euler 積表示を持つ：

$$\zeta_K(s) = \prod_{\mathfrak{P}: O_K \text{の零でない素イデアル}} \dfrac{1}{1 - \dfrac{1}{N(\mathfrak{P})^s}}.$$

$\zeta_{\mathbb{Q}}(s) = \zeta(s)$ より $\zeta_K(s)$ は $\zeta(s)$ の一般化だと思える．$\zeta(s)$ の零点分布に関する Riemann 予想は前章の予想 7.2 と同様に拡張され，「$\zeta_K(s)$ の $\mathrm{Re}(s) > 0$ なる零点はすべて $\mathrm{Re}(s) = \dfrac{1}{2}$ をみたす」という Dedekind のゼータ関数の**一般 Riemann 予想**が広く信じられている．

今，x を正の実数とするとき，

$$N_a(x) = \#\{p < x \mid p \text{ は素数,} \ a \text{ は } p \text{ での原始根}\}$$

とおく．第5章で紹介した素数定理の変種とも言える次の結果が知られている[7]．

定理 8.3（Hooley）

a を ± 1 でなく平方数でもない自然数とする．また，勝手な素数 q で，代数体 $K_q := \mathbb{Q}(\sqrt[q]{a}, \zeta_q)$ の Dedekind のゼータ関数 $\zeta_{K_q}(s)$ の一般 Riemann 予想が正しいと仮定する．

このとき，a から明確な表示によって定まる正定数 C_a が存在して次が成り立つ：

$$N_a(x) \sim C_a \frac{x}{\log x}.$$

定数 C_a の一般の場合の正確な定義は省略するが，例えば a が平方因子を持たない自然数で $a \not\equiv 1 \bmod 4$ のとき，a によらず次で与えられる[8]：

$$C_a = \prod_{q : \text{素数}} \left(1 - \frac{1}{q(q-1)} \right).$$

証明には立ち入れないが，一般 Riemann 予想を仮定する必要性や $q(q-1)$ が現れる理由を手短かに説明したい．補題 8.3 でみたように，a が p での原始根でないのは，

$$p \equiv 1 \bmod q \quad \text{かつ} \quad a^{\frac{p-1}{q}} \equiv 1 \bmod p \tag{8.2}$$

をみたす素数 q が存在しないときである．Artin 自身が既に気づいていたことであるが，(8.2) 式は上述の代数体 K_q において素数 p が分解する様子に翻訳できる．K_q が次数 $q(q-1)$ の代数体なので，代数体の素イデアル分解の一般論から，(8.2) 式をみたす素数 p は $\dfrac{1}{q(q-1)}$ の "密度" で現れることが知られている．第5章で説明した素数定理によって $\dfrac{x}{\log x}$ は素数の個数の漸近挙動を表す関数なので，(8.2) 式をみたす素数 p の個数の漸近挙動は $\dfrac{1}{q(q-1)} \dfrac{x}{\log x}$ で与えられる．篩の考え方によって，$N_a(x)$ は $\dfrac{x}{\log x}$ に C_a を掛けて得られそうである．ただ，q ごとに，実際に (8.2) 式をみたす素数 p

---

7) 証明は C. Hooley の論文 "On Artin's conjecture", *J. Reine Angew. Math.* 225, pp. 209–220, 1967.

8) このときの C_a はおよそ $C_a = 0.37395\cdots$ である．

の分布と $\dfrac{1}{q(q-1)}\dfrac{x}{\log x}$ との誤差の影響があるので，q が動くときの誤差が積み重なり主要項の影響を超える可能性が心配される．第 5 章で論じた素数分布の誤差項と $\zeta(s)$ の Riemann 予想の関係と同様に，$\zeta_{K_q}(s)$ の一般 Riemann 予想を仮定すると q ごとに生じる誤差項が小さいことが保証され，定理 8.3 が従う．

定理 8.3 より，一般 Riemann 予想は予想 8.1 を導く．一般 Riemann 予想を仮定しないとき，Heath-Brown が 1986 年に $\alpha = 2, 3, 5$ のいずれかは無限個の p で原始根となることを示している．無限個の p で原始根となる α を一つ与えることは未だにできていない．

8.2● 平方剰余の相互法則とその証明

「与えられた整数 $i \in \mathbb{Z}$ がある平方数と $\bmod p$ で合同か？」あるいは「$\bar{i} \in \mathbb{F}_p$ が平方数か？」という同値な問は整数論の古典的な問題であるし，第 8.1 節の文脈からしても重要である．$i \in \mathbb{Z}$ がある平方数と $\bmod p$ で合同ならば，i は p を法として**平方剰余**といい，そうでなければ i は p を法として**平方非剰余**という．**Legendre 記号** $\left(\dfrac{i}{p}\right)$ を，$p \mid i$ のときは $\left(\dfrac{i}{p}\right) = 0$ と定め，$p \nmid i$ のときは，i が p を法として平方剰余ならば $\left(\dfrac{i}{p}\right) = 1$ と定め，平方非剰余ならば $\left(\dfrac{i}{p}\right) = -1$ と定める．

命題 8.1

$p \geqq 3$ のとき，勝手な整数 a で次が成り立つ：

$$\left(\frac{a}{p}\right) \equiv a^{\frac{p-1}{2}} \mod p.$$

証明

$p \mid a$ ならば示すべき等式の両辺は 0 と合同なので，以下 a は p と素であるとしてよい．α を p での原始根とする．以前に紹介した Fermat の小定理より，

$$\left(\alpha^{\frac{p-1}{2}}\right)^2 \equiv \alpha^{p-1} \equiv 1 \mod p$$

であり，また，α が原始根なので

右上: 第8章 整数論における局所と大域

$$a^{\frac{p-1}{2}} \not\equiv 1 \mod p$$

である. よって, $a^{\frac{p-1}{2}} \equiv -1 \mod p$ である. 一方で, $a \equiv \alpha^k$ と書くと, a が平方剰余であるための必要十分条件は k が偶数となることである. よって結論が従う. □

この命題から直ちに次の二つの系が従う.

系 8.1

勝手な整数 a, b に対して次が成り立つ:

$$\left(\frac{a}{p}\right)\left(\frac{b}{p}\right) = \left(\frac{ab}{p}\right).$$

系 8.2

$p \geqq 3$ のとき, 次が成り立つ:

$$\left(\frac{-1}{p}\right) = (-1)^{\frac{p-1}{2}}.$$

系 8.2 より, $\mathbb{F}_p$ の中に -1 の平方根が存在するための必要十分条件は $p \equiv 3 \mod 4$ となることである. さて, 次は初等整数論の金字塔ともいえる定理である.

定理 8.4（平方剰余の相互法則）

p, q を相異なる奇素数とするとき, 次が成り立つ:

$$\left(\frac{q}{p}\right)\left(\frac{p}{q}\right) = (-1)^{\frac{p-1}{2}\frac{q-1}{2}}. \tag{8.3}$$

Euler や Legendre も本質的に事実を知っていたが示せなかった. Gauss が 1801 年の著書『Disquisitiones Arithmeticae』の 131 条で初めて「基本定

理」[9]として明晰に述べ，帰納法による証明（第 I 証明）を与えた．さらに同書の後の章では 2 次形式論を用いたまったく別の証明（第 II 証明）も与えた．ここでも証明してみせるが，その前に注意を述べたい．

まず，平方剰余の相互法則は計算の面から有益に応用できる．例えば，平方剰余の相互法則より

$$\left(\frac{5}{71}\right)\left(\frac{71}{5}\right) = 1$$

なる式がある．71 を 5 で割った余りが 1 なので 71 は 5 で平方剰余となり，上式より 5 は 71 で平方剰余であるとわかる．実際には，$x \equiv 17, 54 \bmod 71$ のときに $x^2 \equiv 5 \bmod 71$ なので，17 と 54 が $\bmod 71$ での 5 の平方根である．このような「$\bmod p$ での平方根」をみつけなくても 5 が平方剰余であるかを判定できた．整数 i と原始根 α に対して，$i = \alpha^k \bmod p$ なる指数 k が求まっていれば，k が偶数であることと i が平方剰余であることは同値であるが[10]，このような k を求める「離散対数問題」は計算量も多く容易ではない．この大変さが離散対数暗号の安全性に関係し，初等整数論は現代の情報社会を支える暗号理論に応用されている．

また，平方剰余の相互法則は数論的にも「深い」現象である．$\bmod p$ の数論と $\bmod q$ の数論が完全に独立でなく，絡み合って関連している素数同士の「相互作用」は神秘的であり，それが Gauss をして『D. A.』の刊行後も興味を持ち続けさせ，実に 7 通り以上の別証明を得た原動力にもつながったのかもしれない[11]．以下では，そのうちの Gauss 和を用いた証明を紹介する．

定義 8.1

奇素数 p に対して，次を **Gauss 和**と呼ぶ．

$$\tau(p) := \sum_{i=1}^{p} \left(\frac{i}{p}\right) \xi_p^i. \tag{8.4}$$

---

9) Gauss は，Legendre 記号は用いていない．定理 8.4 は，p を 4 で割った余りで分類しつつ，文章のみで表現された．

10) 与えられた数 a の指数ベキ a^k はすぐ計算できるので，補題 8.3 より p での原始根 α をみつける計算量はそれほどではない．

11) 例えば，『平方剰余の相互法則』（倉田令二朗著，日本評論社）は Gauss の全証明と予備知識を嚙み砕いて説明している．

命題 8.2

$\tau(p)^2 = (-1)^{\frac{p-1}{2}} p$ が成り立つ.

証明

a を $1 \leqq a \leqq p-1$ なる整数とするとき,

$$\tau^{(a)}(p) := \sum_{i=1}^{p} \left(\frac{i}{p}\right) \zeta_p^{ai}$$

とおく. $\tau^{(a)}(p) = \left(\dfrac{a}{p}\right) \tau(p)$ であることに注意する.

$$S := \sum_{a=1}^{p-1} \tau^{(a)}(p) \cdot \tau^{(p-a)}(p)$$

を二通りに計算してみよう. 系 8.1 と Legendre 記号の定義より,

$$\left(\frac{a}{p}\right)\left(\frac{p-a}{p}\right) = \left(\frac{pa-a^2}{p}\right) = \left(\frac{-1}{p}\right)$$

であるから, 上の注意と合わせて

$$S = \left(\frac{-1}{p}\right) \cdot (p-1)\tau(p)^2 \tag{8.5}$$

が成り立つ. 一方で, S の定義において, $\tau^{(a)}(p)$ の和をすべて分解すると, 次が得られる:

$$S = \sum_{a=1}^{p-1} \sum_{i=1}^{p} \sum_{j=1}^{p} \left(\frac{i}{p}\right)\left(\frac{j}{p}\right) \zeta_p^{a(i-j)}.$$

$i \neq j$ ならば, $\sum_{a=1}^{p-1} \zeta_p^{a(i-j)} = 0$ が成り立つので, 上式では $i = j$ のときの a の和だけが残り, 次が得られる:

$$S = p(p-1). \tag{8.6}$$

命題 8.1 と $(8.5), (8.6)$ 式を合わせて証明が終わる. $\qquad\square$

定理 8.4 の証明

命題 8.2 より, 次が成り立つ:

$$\tau(p)^{q-1} = (-1)^{\frac{p-1}{2}\frac{q-1}{2}} p^{\frac{q-1}{2}}.$$

両辺に $\tau(p)$ を掛け, $p = q$, $a = p$ で命題 8.1 を用いると,

$$\tau(p)^q \equiv (-1)^{\frac{p-1}{2}\frac{q-1}{2}} \left(\frac{p}{q}\right) \tau(p) \mod q \tag{8.7}$$

を得る. 一方で

$$\tau(p)^q = \left(\sum_{i=1}^{p}\left(\frac{i}{p}\right)\zeta_p^i\right)^q \equiv \sum_{i=1}^{p}\left(\frac{i}{p}\right)^q\zeta_p^{iq} \mod q$$

となる. q は奇数より $\left(\frac{i}{p}\right)^q = \left(\frac{i}{p}\right)$ であるから, 上式の右辺は, $\tau^{(q)}(p)$ にほかならない. 命題 8.2 の証明でもみたように $\tau^{(q)}(p) = \left(\frac{q}{p}\right)\tau(p)$ なので,

$$\tau(p)^q \equiv \left(\frac{q}{p}\right)\tau(p) \mod q \tag{8.8}$$

となる. (8.7), (8.8)式を合わせて

$$(-1)^{\frac{p-1}{2}\frac{q-1}{2}}\left(\frac{p}{q}\right)\tau(p) \equiv \left(\frac{q}{p}\right)\tau(p) \mod q \tag{8.9}$$

となる. 命題 8.2 より $\tau(p)^2 \not\equiv 0 \mod q$ であり, $q > 2$ より $+1 \not\equiv -1 \mod q$ なので, (8.9)式の両辺に $\tau(p)$ を掛けた合同式から欲しい結論が得られる. $\qquad\square$

以上, Gauss 和の概念の導入を兼ねて Gauss の第IV証明を紹介した.

8.3● 円分体とそのガロワ群

まず, 前章でもみたように円分体は非常に重要な代数体である. 命題 8.2 より, 円分体は前章のもう片方の主役である 2 次体と直接に関係する.

命題 8.3

p が奇素数ならば $\sqrt{(-1)^{\frac{p-1}{2}}p} \in \mathbb{Q}(\zeta_p)$ となる.

m, m' が自然数, l.c.m.$(m, m')|n$ とすると, $\mathbb{Q}(\zeta_m) \subset \mathbb{Q}(\zeta_n)$ かつ $\mathbb{Q}(\zeta_{m'}) \subset \mathbb{Q}(\zeta_n)$ である. よって次を得る.

系 8.3

勝手な整数 d で $\mathbb{Q}(\sqrt{d})$ はある円分体 $\mathbb{Q}(\zeta_n)$ に含まれる[12].

---

[12] d が平方因子を持たない整数で $d \equiv 1 \mod 4$ $(d \equiv 2, 3 \mod 4)$ のとき, $d|n$ $(4d|n)$ となる n をとればよい.

命題 8.3 は後で紹介する Kronecker-Weber の定理の特別な場合である.
Kronecker-Weber の定理の説明のために,$\mathbb{Q}$ のガロワ拡大やそのガロワ群
の言葉を導入しておこう.

$\mathbb{Q}$ に代数的数 θ を添加して得られる代数体 $F = \mathbb{Q}(\theta)$ は,$f(\theta) = 0$ とな
る既約多項式 $f(X) \in \mathbb{Q}[X]$ の根がすべて F に含まれるとき,$\mathbb{Q}$ の**ガロワ拡
大**と呼ばれる.このとき,勝手な $x, y \in F$ に対して,次の二条件

(i) $\quad \sigma(x+y) = \sigma(x) + \sigma(y)$

（ ii ） $\quad \sigma(xy) = \sigma(x)\sigma(y)$

をみたす恒等的に零でない写像 $\sigma : F \to F$ の集合[13] は恒等写像 Id_F を単位
元,写像の合成を積として有限群になる.この群を F の $\mathbb{Q}$ 上の**ガロワ群**と
呼び $\mathrm{Gal}(F/\mathbb{Q})$ と記す.ガロワ拡大の基本事実として,

$$\#\mathrm{Gal}(F/\mathbb{Q}) = \deg f(X) \tag{8.10}$$

となる.$\mathbb{Q}$ のガロワ拡大 F で,$\mathrm{Gal}(F/\mathbb{Q})$ がアーベル群になるものを $\mathbb{Q}$ の
アーベル拡大と呼ぶ.

例えば,前章で登場した 2 次体と円分体はともにアーベル拡大である.実
際,2 次体 $\mathbb{Q}(\sqrt{d})$ は $\mathbb{Q}$ のガロワ拡大で,その $\mathbb{Q}$ 上のガロワ群は恒等写像と
$x + y\sqrt{d} \mapsto x - y\sqrt{d}$ なる写像 σ の二つの元からなる.また,m を自然数,ζ_m
を 1 の原始 m 乗根とすると,$f(\zeta_m) = 0$ をみたす $\mathbb{Q}[X]$ の既約多項式 $f(X)$
は $X^m - 1$ の既約因子であり $X^m - 1$ の根 $1, \zeta_m, \cdots, \zeta_m^{m-1}$ はすべて $\mathbb{Q}(\zeta_m)$ に含
まれる.よって,円分体 $\mathbb{Q}(\zeta_m)$ は $\mathbb{Q}$ のガロワ拡大である.勝手な $\sigma \in \mathrm{Gal}$
$(\mathbb{Q}(\zeta_m)/\mathbb{Q})$ に対して,$\sigma(\zeta_m)$ はまた 1 の原始 m 乗根なので $(\mathbb{Z}/(m))^\times$ の元
$r(\sigma)$ が存在して,$\sigma(\zeta_m) = \zeta_m^{r(\sigma)}$ となる.この写像

$$r : \mathrm{Gal}(\mathbb{Q}(\zeta_m)/\mathbb{Q}) \longrightarrow (\mathbb{Z}/(m))^\times$$

が単射準同型写像[14] であることは,ガロワ群の定義に即した簡単な議論でわ
かる.写像 r が全射になることを言えば,r は全単射となり,次の定理 8.5
が従う.

---

13) 今の状況下では,このような σ たちは全単射になる.

14) 群 G, G' に対し,勝手な $x, y \in G$ で $r(xy) = r(x)r(y)$ をみたすような「演算を保つ」写像 $r : G$ $\to G'$ を準同型写像と呼ぶ.

定理 8.5

$\mathbb{Q}(\zeta_m)$ は $\mathbb{Q}$ のガロワ拡大で，$\mathrm{Gal}(\mathbb{Q}(\zeta_m)/\mathbb{Q})$ は有限アーベル群 $(\mathbb{Z}/(m))^{\times}$ と同一視できる．

写像 r が全射であることを示すには $\#\mathrm{Gal}(\mathbb{Q}(\zeta_m)/\mathbb{Q}) = \varphi(m)$ を言えばよい．

$$\Phi_m(X) = \prod_{\substack{1 \le r \le m \\ (r,m)=1}} (X - \zeta_m^r)$$

と定めると，各次数での X のベキの係数が ζ_m^r たちの基本対称式であるから $\Phi_m(X) \in \mathbb{Q}[X]$ である．$\Phi_m(X)$ は m 次**円周等分多項式**と呼ばれる．$\deg \Phi_m(X) = \varphi(m)$ なので，$\Phi_m(X) \in \mathbb{Q}[X]$ が既約であることが示せれば，(8.10) より定理 8.5 の証明が完了する．

$m = p^n$ である特別な場合に限って，円周等分多項式の既約性の Gauss による p 進的証明を紹介しよう．

$m = p^n$ の場合に限った定理 8.5 の証明（巻末補注参照）

$$\Phi_p(X) = X^{p-1} + X^{p-2} + \cdots + X + 1,$$
$$\Phi_{p^n}(X) = \Phi_p(X^{p^{n-1}}) \qquad (n \ge 1)$$

より，$X = Y+1$ と変数変換して，

$$\Phi_{p^n}(Y+1) \equiv Y^{(p-1)p^{n-1}} \mod p,$$
$$\Phi_{p^n}(Y+1)|_{Y=0} = p$$

が簡単な計算でわかる．$\Phi_{p^n}(Y+1)$ が変数 Y の有理多項式として既約であることを示せばよい．よく知られた Gauss の補題より，与えられた $F(Y) \in \mathbb{Z}[Y]$ に対して，$F(Y)$ が $\mathbb{Z}[Y]$ で次数が真に低い多項式の積に分解することと $\mathbb{Q}[Y]$ で次数が真に低い多項式の積に分解することは同値である．背理法によって，$\Phi_{p^n}(Y+1)$ より真に次数が低い整数係数多項式

$$G(Y) = Y^k + a_{k-1}Y^{k-1} + \cdots + a_0$$
$$H(Y) = Y^l + b_{l-1}Y^{l-1} + \cdots + b_0$$

が存在して $\Phi_{p^n}(Y+1) = G(Y)H(Y)$ と書けたとする．$\Phi_{p^n}(Y+1)$ の定数項は p で丁度 1 回割れるので，a_0 または b_0 のどちらか片方のみが p で割れる．一般性を失わずに $p|a_0$ かつ $p \nmid b_0$ と仮定すると，

$\Phi_{p^n}(Y+1)$ の最高次以外の係数がすべて p で割れる事実との矛盾が導かれる[15]. かくして $\Phi_{p^n}(X)\in\mathbb{Q}[X]$ の既約性が示せ, $m=p^n$ の場合の定理 8.5 の証明が完了する. $\square$

上の方法は「p 進的方法」(または「分岐の方法」)と呼ばれる. $\Phi_m(X)$ の既約性の別証明として,「l 進的方法」(または「Frobenius 写像の方法」)と呼ばれる方法もよく知られている(例えば,『体とガロア理論』(藤崎源二郎著, 岩波書店)の定理 2.28 を参照).

さて, 命題 8.3 や系 8.3 の一般化として次がある.

定理 8.6(Kronecker-Weber の定理)

F を $\mathbb{Q}$ 上のアーベル拡大とすると, F はある円分体 $\mathbb{Q}(\zeta_n)$ に含まれる.

1875 年に Kronecker が証明なく言明し, 1886 年に Weber が厳密な証明を与えた. その続きの Weber の研究は「類体論」の萌芽となった. 類体論が基本になった現代では, 類体論の系として Kronecker-Weber の定理を導出するのがよくある道筋である[16].

8.4● p 進が拓く新しい数論の世界

円分体は, Gauss による円周等分多項式の研究, Kummer による円分体論, Kronecker-Weber の定理, その後の類体論への流れと, 折に触れて数論の歴史に新しい息吹を吹き込んできた.

岩澤健吉氏は, 円分体がもはや流行から外れていた 1950 年頃から, 円分体の研究を始めた. 当時の最先端の整数論研究では, 類体論をコホモロジーを使って整備し直す研究が流行っており,「優れた数学者が何人もコホモロジ

---

15) 代数学の教科書において「Eisenstein の既約性判定条件」と呼ばれる標準的な議論である. 巻末補注にも略証を与えたので参照されたい.

16) 類体論を用いない代数的整数論の分岐理論を用いた証明は, 例えば『代数的整数論』(高木貞治著, 岩波書店)の第 8 章や『数論』(河田敬義著, 岩波書店)の第 8 章を参照のこと.

岩澤健吉
(1917-1998)

ーを研究していたので，自分は違うことをやろう」[17]と円分体の研究に取り組んだ岩澤健吉氏は，固定した素数 p に対して，n が動くときの ζ_{p^n} をすべて含むような無限次代数体 $\mathbb{Q}(\zeta_{p^\infty})$ を考えた．先に説明したガロワ拡大の理論は Krull によって無限次拡大にも拡張されており，定理 8.5 の極限をとると，$\mathrm{Gal}(\mathbb{Q}(\zeta_{p^\infty})/\mathbb{Q}(\zeta_p))$ は $\mathbb{Z}_p$ と同一視できる．この無限次拡大を円分 $\mathbb{Z}_p$ 拡大と呼ぶ．円分 $\mathbb{Z}_p$ 拡大 $\mathbb{Q}(\zeta_{p^\infty})$ を介して，岩澤氏は 1959 年に次の定理を得た．

定理 8.7（岩澤の代数的類数公式）
非負整数 λ_p, μ_p と整数 ν_p が存在して，十分大きな n で次が成立する[18]：

$$\#\mathrm{Cl}(\mathbb{Q}(\zeta_{p^n}))[p^\infty] = p^{\lambda_p n + \mu_p p^n + \nu_p}.$$

前章で紹介した実 2 次体のイデアル類群に関する Gauss 予想が未解決なように，代数体の何らかの無限族で成り立つイデアル類群に関する結果を得るのは容易でない．その意味でもこれは驚くべき結果である．

証明は円分 $\mathbb{Z}_p$ 拡大の整数論の代数的な側面に関わり，$\mathbb{Q}(\zeta_{p^\infty})$ のイデアル類群 $\mathrm{Cl}(\mathbb{Q}(\zeta_{p^\infty}))[p^\infty]$ が良い代数的な有限性をみたすことに依存している．一方で，その頃，Riemann のゼータ関数 $\zeta(s)$ の"p 進類似"である解析的 p 進ゼータ関数 $\zeta_p^{\mathrm{anal}}(s)$ が久保田-Leopoldt らによって発見された．岩澤は円分 $\mathbb{Z}_p$ 拡大の整数論の解析的な側面に関わる $\zeta_p^{\mathrm{anal}}(s)$ も深く研究した．$\zeta_p^{\mathrm{anal}}(s)$ は円分 $\mathbb{Z}_p$ 拡大に関係する p 進的リジッド解析空間 $\mathfrak{X}$ 上の関数であるが，$\mathrm{Cl}(\mathbb{Q}(\zeta_{p^\infty}))[p^\infty]$ への $\mathrm{Gal}(\mathbb{Q}(\zeta_{p^\infty})/\mathbb{Q}(\zeta_p))$ の作用の行列式によって，同じ空間 $\mathfrak{X}$ 上に代数的な由来を持つ別の関数が得られる．これを代数的 p 進ゼータ関数と呼んで $\zeta_p^{\mathrm{alg}}(s)$ と記す．以下は，岩澤氏が予想を提出して Ma-

---

17) インタビュー記事「岩澤健吉先生のお話しを伺った 120 分」(雑誌『数学』45(4), pp. 366-372, 1993) より抜粋．
18) $\mathrm{Cl}(\mathbb{Q}(\zeta_{p^n}))[p^\infty]$ はイデアル類群 $\mathrm{Cl}(\mathbb{Q}(\zeta_{p^n}))$ の中で p ベキ倍すると消える部分を表す．

zur-Wiles が 80 年代前半に証明した岩澤理論の最初の金字塔である.

定理 8.8(岩澤主予想)

$\zeta_p^{\mathrm{anal}}(s)$ の零点と $\zeta_p^{\mathrm{alg}}(s)$ の零点は重複度も込めて一致する.

無限次拡大 $\mathbb{Q}(\zeta_{p^\infty})$ の高みに登ると景色が広がり代数的対象と解析的対象が結びつく岩澤理論の様子を,かつて伊原康隆氏は「滝の上には虹がかかる」と表現した.岩澤理論の影響があったかわからないが,Tate が 1967 年に発表した良い還元を持つアーベル多様体の p 進 Hodge 理論では,局所円分 $\mathbb{Z}_p$ 拡大 $\mathbb{Q}_p(\zeta_{p^\infty})$ がコホモロジーの計算に登場し,このアイデアはのちに Faltings による almost エタール理論として p 進 Hodge 理論を発展させた. $\mathbb{Q}$ や $\mathbb{Q}_p$ の無限次の p 進拡大を扱う整数論,数論における p 進理論の重要性はしばらく続きそうである.ここで登場した岩澤理論の簡単な概説は例えば [27] の上巻の導入部を,詳細な内容や発展の様子は [27] の上巻と下巻を参照されたい.

第**9**章

ゼータの進化(1)

今まで，Riemann のゼータ関数，Dirichlet の L 関数，Dedekind のゼータ関数が登場し，Dirichlet の算術級数定理，素数定理，類数 1 の虚 2 次体の決定，Artin の原始根予想などの例で，数論の深い情報がゼータと結びつくことをみた．20 世紀にはさまざまな高次のゼータが発見され，整数論のさらなる新展開があった．

9.1◦代数体と関数体の類似

代数体は常に整数論の興味の中心であったが，19 世紀末以降，必ずしも $\mathbb{C}$ に含まれないような有限体 $\mathbb{F}_p$ 上の 1 変数有理関数体 $\mathbb{F}_p(X)$ や，その有限次拡大 K も自然な研究対象となった．これらの K は，$\mathbb{F}_p$ 上の**1 変数代数関数体**と呼ばれ，代数体と同様に整数環 $O_K \subset K$ が定義される．

$\mathbb{F}_p$ 上の 1 変数代数関数体と代数体は代数的性質が似ている：どちらの整数環も "Dedekind 整域" という種類の環で，素イデアル分解の一意性定理が成立する．

両者は数論的性質も酷似している：両者で「イデアル類群の有限性定理」がともに成り立ち，20 世紀前半には，アーベル拡大のガロワ群を記述する「類体論」も両者に対して統一的に展開された[1]．

この類似により，$\mathbb{F}_p$ 上の 1 変数代数関数体 K の整数環 O_K に対して，代数体のときとまったく同様にゼータ関数 $\zeta_K(s)$ を次の Dirichlet 級数で定義する[2]：

---

1) 前章で紹介した「岩澤理論」もこのような関数体と代数体の不思議な類似を体現する理論である．

$$\zeta_K(s) = \sum_{\mathfrak{A}:O_K\text{の零でないイデアル}} \frac{1}{N(\mathfrak{A})^s}. \tag{9.1}$$

ただし，ノルム $N(\mathfrak{A})$ はどの二つも $\bmod \mathfrak{A}$ で互いに合同でないような $x_1, \cdots,$ $x_r \in O_K$ が存在する最大の自然数 r である．O_K でも素イデアル分解の一意性があるので，$\zeta_K(s)$ は次の Euler 積表示を持つ：

$$\zeta_K(s) = \prod_{\mathfrak{P}:O_K\text{の零でない素イデアル}} \frac{1}{1 - \dfrac{1}{N(\mathfrak{P})^s}}.$$

まず，$K = \mathbb{F}_p(X)$ のときに $\zeta_K(s)$ を調べよう．$O_K = \mathbb{F}_p[X]$ における多項式の割り算に関する Euclid の互除法を用いた基本的な議論で次が示される．

補題 9.1

勝手な整イデアル $\mathfrak{A} \subset \mathbb{F}_p[X]$ は単項イデアルとなる．

この補題と簡単な議論によって，零でない整イデアル $\mathfrak{A} \subset \mathbb{F}_p[X]$ に対してモニックな多項式 $F(X) \in \mathbb{F}_p[X]$ が一意に存在して $\mathfrak{A} = (F(X))$ となる．

$$\zeta_{\mathbb{F}_p(X)}(s) = \sum_{d=0}^{\infty} \sum_{\substack{\deg F(X)=d \\ F(X)\text{はモニック}}} \frac{1}{N((F(X)))^s} \tag{9.2}$$

と定義式を次数 d ごとに整理しよう．$F(X)$ の次数が d ならば，$N((F(X)))$ は $d-1$ 次以下の $\mathbb{F}_p$ 係数多項式すべての個数なので，$N((F(X))) = p^d$ となる．また，$\mathbb{F}_p[X]$ の中の d 次のモニック多項式の個数は p^d である．無限等比級数の公式より，次を得る：

$$\zeta_{\mathbb{F}_p(X)}(s) = \sum_{d=0}^{\infty} p^{d(1-s)} = \frac{1}{1-p^{1-s}}. \tag{9.3}$$

$\zeta_{\mathbb{F}_p(X)}(s)$ は Riemann のゼータ関数の類似だが，極は $s = 1$ のみで零点がなく，はるかに単純な関数である．

Kornblum は 1919 年に発表した論文で，Dirichlet の L 関数の類似を調べた．$G(X) \in \mathbb{F}_p[X]$ とするとき，$\chi : \mathbb{F}_p[X] \longrightarrow \mathbb{C}$ が

---

2) 本当は，ゼータ関数の定義は整数環 O_K のとり方に依存して，K の同型類のみでは決まらない．次ページも参照のこと．

$$\begin{cases} \text{勝手な } a, b \in \mathbb{F}_p[X] \text{ に対して } \chi(ab) = \chi(a)\chi(b), \\ a \equiv b \bmod G(X) \text{ ならば } \chi(a) = \chi(b), \\ (a, G(X)) = 1 \overset{\text{同値}}{\Longleftrightarrow} \chi(a) \neq 0 \end{cases}$$

をみたすとき, χ を $G(X)$ を法とする $\mathbb{F}_p[X]$ の指標と呼ぶ. χ に対する Dirichlet の L 関数の関数体版は以下のように定義される:

$$L(s, \chi) = \sum_{\text{モニックな多項式} F(X) \in \mathbb{F}_p[X]} \frac{\chi(F(X))}{N(F(X))^s}. \tag{9.4}$$

Kornblum は, 多項式 $G(X)$ を法とする非自明な指標 χ に対して, 定数項が 1 で次数 $d < \deg G(X)$ の多項式

$$P_\chi(t) = a_d t^d + a_{d-1} t^{d-1} + \cdots + a_1 t + 1$$

が存在して,

$$L(s, \chi) = P_\chi(p^{-s}) \tag{9.5}$$

となることを示した. 特に, $\mathrm{Re}(s) = 1$ において極がないので, Kornblum は Dirichlet の算術級数定理の関数体での類似を第 5 章と同様な議論で示したのである. 原始根予想で前章登場したドイツの数学者 Emil Artin (1898-1962) は, 代数体の側での 2 次体の整数論の豊かさを鑑みて, $G(X) \in \mathbb{F}_p[X]$ の平方根を添加して得られる 2 次体 $K = \mathbb{F}_p(X)(\sqrt{G(X)})$ の整数論を研究した. 代数関数体の側の 2 次体 K のゼータ関数 $\zeta_K(s)$ は, 代数体のときと同様に, $G(X)$ を法とする 2 次指標[3] χ_K によって, 次のように分解される:

$$\zeta_K(s) = \zeta_{\mathbb{F}_p(X)}(s) L(s, \chi_K). \tag{9.6}$$

(9.3), (9.5), (9.6) より, $\zeta_K(s)$ は**有理的**, つまり, ある有理関数 $Q(t) \in \mathbb{Q}(t)$ が存在して $\zeta_K(s) = Q(p^{-s})$ となる. 彼の 1921 年の学位論文[4] では, $G(X)$ の無限遠での変数 $\frac{1}{X}$ でのベキ級数の様子に応じて, 代数関数体の側での "虚 2 次体" や "実 2 次体" の概念を定め, 実 2 次体や虚 2 次体のイデアル類群や類数を研究した. また, 小さな素数 p と小さな次数の $G(X)$ を動かして, $\zeta_K(s)$ の零点がすべて $\mathrm{Re}(s) = \frac{1}{2}$ 上にあるような Riemann 予想の類似の成立例をたくさん与えた. Artin は, Riemann 予想を「予想」として明示的に述べなかったし, 事情があって学位論文以後は Riemann 予想から完全に手を引いたが, Artin のおかげで, 代数関数体のゼータ関数の Riemann 予想が

---

3) $(a, F(X)) = 1$ なる任意の $a \in \mathbb{F}_p[X]$ に対して, $\chi_K(a)^2 = 1$ となる一意的な指標 χ_K のこと.

4) 論文は 1924 年に *Math. Zeitschr.* 誌 vol. 19 で出版.

活発に研究されるようになった.

F. K. Schmidt は, 1926 年の学位論文で, $\mathbb{F}_p$ 上の 1 変数代数関数体 K に対して,

$$\zeta_K^*(s) = \prod_{v:K \text{の非自明な付値の同値類}} \cfrac{1}{1 - \cfrac{1}{N(v)^s}}$$

を定義した. O_K の零でない素イデアルに対して一意的に付値の同値類が定まり, O_K の零でない素イデアルに対応しない付値は "無限遠" と呼ばれ, 有限個しか存在しない. 例えば, $K = \mathbb{F}_p(X)$ のときには, 無限遠の付値は $\frac{1}{X}$ で何回割り切れるかを測る付値の一つのみである. 代数体のときと違って, 代数関数体では $\mathbb{F}_p(X)$ の 1 次分数変換 $X \mapsto \frac{aX+b}{cX+d}$ によって, 考えている付値が "無限遠" であるかそうでないかが変わってしまう. $\zeta_K^*(s)$ は K のみから定まるが, 先の $\zeta_K(s)$ は, 無限遠の寄与が変数変換で変わり, 整数環 O_K から決まるが, K だけからは決まらない.

Schmidt は, $\mathbb{F}_p$ 上の勝手な 1 変数代数関数体 K に対して, **種数**(genus)と呼ばれる不変量 $g = g(K)$ の 2 倍の次数を持つ $2g$ 次の整数係数多項式 $P(t)$ による表示:

$$\zeta_K^*(s) = \frac{P(p^{-s})}{(1-p^{-s})(1-p^{1-s})} \tag{9.7}$$

を与えた. 特に, $\zeta_K^*(s)$ は有理的である[5]. 彼は, 関数体の Riemann-Roch 公式を用いて次の関数等式:

$$\zeta_K^*(s) = p^{(g-1)(1-2s)}\zeta_K^*(1-s) \tag{9.8}$$

も示した.

$\zeta_K^*(s)$ に対する Riemann 予想に最初の進展をもたらしたのは Hasse (1898-1979)である. 彼は, 楕円関数体と呼ばれる $g=1$ の場合に Riemann 予想の証明に成功した. 最初は, $\mathbb{F}_p$ 上の楕円関数体の $\mathbb{Q}$ 上の虚数乗法を持つ楕円関数体への持ち上げを用いて証明したが, のちに $\mathbb{F}_p$ 上での直接的な別証明も得ている. Hasse は, 少し後の Weil らのような代数幾何学の言葉は用いず, すべて 1 変数代数関数体の言葉で研究していた.

1 変数代数関数体のゼータ関数の Riemann 予想を大雑把に振り返った.

---

5) 無限遠の寄与を除いて $\zeta_K^*(s)$ と等しい $\zeta_K(s)$ も有理的になる.

Weil 以前の代数関数体の Riemann 予想研究の詳細は，例えば，Peter Ro-
quette の著作 "The Riemann hypothesis in characteristic p, its origin and
development. Part 1-4" を参照されたい[6].

9.2● 合同ゼータ関数の定義と例

この節では代数関数体のゼータ関数の高次元化を論じたい．整数論では，
数論的な体 $k = \mathbb{Q}$, $k = \mathbb{F}_p$ 上で
$$f_1(X_1, \cdots, X_r), \cdots, f_s(X_1, \cdots, X_r) \in k[X_1, \cdots, X_r]$$
を考えて，次の連立代数方程式：
$$f_1 = 0, \quad \cdots, \quad f_s = 0 \tag{9.9}$$
の共通解を求めることが興味の対象である．(9.9)はアフィン空間 $\mathbb{A}^r$ の中の
あるアフィン代数多様体 U を定め，それをコンパクト化した代数多様体 V
を**固有代数多様体**という．しばしば特異点を持たない**非特異代数多様体**のみ
を考える．代数幾何の言葉に馴染みがない読者は，ここでは(9.9)の共通解
が代数多様体 V の有理点であるという認識で差し支えない[7].

1次元の代数多様体を代数曲線と呼ぶ．$\mathbb{F}_p$ 上の1変数代数関数体 K から，
付値の理論によって $\mathbb{F}_p$ 上の非特異固有代数曲線 C_K を構成できて，一対一
対応
$$\{\mathbb{F}_p \text{ 上の1変数代数関数体の同型類}\}$$
$$\longleftrightarrow \{\mathbb{F}_p \text{ 上の非特異固有代数曲線の同型類}\} \tag{9.10}$$
が存在する．前節で論じたように，1次分数変換で $\mathbb{F}_p(X)$ の2次拡大 K の
表示が変わると，Artin のゼータ関数 $\zeta_K(s)$ も変わるかもしれない．また，
多変数の代数関数体や高次元の代数多様体を考えると，(9.10)のような一対
一対応はもはや成立しない．関数体ではなく代数多様体に対してゼータ関数
を定める方が見通しがよく，幾何学的な視点も取り入れられる．Hasse まで
の研究手法は代数関数体の代数的なものであったが，Deuring，Weil に至っ
て，代数幾何的の言葉を用いた幾何的研究が定着した．

$\mathbb{F}_p$ 上の代数多様体に対してゼータ関数を幾何的に定義する前に，有限体

---

6) http://www.rzuser.uni-heidelberg.de/~ci3/manu.html で入手可能である．
7) 数論幾何学で大事な「スキーム上の代数幾何学」については，例えば教科書[28]を参照のこと．

について補足しておく[8].

1. 各自然数 m に対して，$\mathbb{F}_p$ 上 m 次元の体 $\mathbb{F}_{p^m}$ が同型を除いて一意に存在する．

2. $\mathbb{F}_{p^m}$ から $\mathbb{F}_{p^m}$ への Frobenius 写像を $\mathrm{Fr}(x) = x^p$ と定めると，Fr は体 $\mathbb{F}_{p^m}$ の自己同型になる[9].

3. $m|m' \overset{\text{同値}}{\Longleftrightarrow} \mathbb{F}_{p^m} \subset \mathbb{F}_{p^{m'}}$ であり，$\mathbb{F}_{p^{m'}}$ の中で $\mathbb{F}_{p^m}$ は以下で特徴づけられる：
$$\mathbb{F}_{p^m} = \{x \in \mathbb{F}_{p^{m'}} | \mathrm{Fr}^m(x) = x\}.$$

定義 9.1

V_p を $\mathbb{F}_p$ 上の代数多様体とする．$V_p(\mathbb{F}_{p^m})$ を V_p の $\mathbb{F}_{p^m}$ 値点全体のなす有限集合として，**合同ゼータ関数** $Z(t, V_p) \in \mathbb{Q}[[t]]$ を次のように定める：
$$Z(t, V_p) = \exp\left(\sum_{m=1}^{\infty} \frac{\#V_p(\mathbb{F}_{p^m}) t^m}{m} \right).$$

まず，簡単に計算できる具体例を与えよう．

1. V_p として 1 点からなる 0 次元代数多様体を考える．勝手な m で $\#V_p(\mathbb{F}_{p^m}) = 1$ より，
$$Z(t, \{1\text{点}\}) = \exp\left(\sum_{m=1}^{\infty} \frac{t^m}{m} \right)$$
$$= \exp(-\log(1-t)) = \frac{1}{1-t}.$$

2. V_p として n 次元アフィン空間 $\mathbb{A}^{n+1}$ の原点以外に対して座標 $(X_0, \cdots, X_n)$ の非零な定数倍を同一視した斉次座標 $(X_0 : \cdots : X_n)$ で与えられる n 次元射影空間 $\mathbb{P}^n$ を考える．$\mathbb{P}^n$ は $\mathbb{A}^n$ の "無限遠" に $\mathbb{P}^{n-1}$ を付け加えて得られるコンパクト化ともみなせるので，帰

---

8) 有限体の基本事項は，例えば，『体とガロア理論』（藤崎源二郎著，岩波書店）を参照のこと．

9) $1 \le i \le p-1$ のとき，2項係数 ${}_p C_i$ は p で割れるので，$\mathbb{F}_{p^m}$ では $(x+y)^p = x^p + y^p$ となる．

納的に
$$\mathbb{P}^n = \mathbb{A}^n \amalg \mathbb{A}^{n-1} \amalg \cdots \amalg \mathbb{A}^1 \amalg \{1 \text{ 点}\}$$
と表せて[10]，以下のように計算できる：
$$Z(t, \mathbb{P}^n) = \exp\left(\sum_{m=1}^{\infty} \frac{(1+p^m+\cdots+p^{mn})t^m}{m} \right)$$
$$= \exp\left(-\sum_{i=1}^{n} \log(1-p^i t) \right)$$
$$= \frac{1}{(1-t)(1-pt)\cdots(1-p^n t)}.$$

s を複素変数として，ゼータ関数
$$\zeta(s, V_p) = Z(p^s, V_p)$$
を収束する領域で考える．代数関数体 K に対応(9.10)を介して定まる代数曲線を C_K と記すとき，$\zeta_K^*(s) = \zeta(s, C_K)$ となる[11]．上の例たちと比べて数論的に非自明な例として，$\mathbb{P}^2$ の中の Fermat 方程式：
$$F_d = \{(X_0 : X_1 : X_2) \in \mathbb{P}^2 | X_0^d + X_1^d = X_2^d\}$$
で与えられる d 次 **Fermat 曲線**を調べてみよう．$p \nmid d$ ならば F_d は非特異固有代数曲線となる．$q = p^m$ とおくとき，有限体 $\mathbb{F}_q$ の**指標**とは準同型 $\chi : \mathbb{F}_q^\times \longrightarrow \mathbb{C}^\times$ のことをいう．特に，すべての $a \in \mathbb{F}_q^\times$ で $\mathbf{1}(a) = 1$ となる指標 $\mathbf{1}$ を自明指標という．指標 χ に対して $\chi(0) = 0$ と定めて χ を $\mathbb{F}_q$ 全体の関数とみなす．

補題 9.2

$\mathbb{F}_q$ の指標全体の集合 $\widehat{\mathbb{F}_q^\times}$ は，$\mathbf{1}$ を単位元，$\chi \in \widehat{\mathbb{F}_q^\times}$ の逆元を勝手な $a \in \mathbb{F}_q^\times$ で $\chi^{-1}(a) := \chi(a)^{-1}$ と定めた χ^{-1} を逆元とする位数 $q-1$ の巡回群になる．

証明

$\mathbb{F}_q^\times$ は位数 $q-1$ の巡回群なので，生成元 σ を一つ選ぶ．このとき，

---

10) 位相幾何での $\mathbb{P}^n$ の胞体(cell)分割の類似である．
11) Artin のゼータ関数 $\zeta_K(s)$ と $\zeta(s, C_K)$ は無限遠点の寄与の違いがある．

$\chi(\sigma) \in \mathbb{C}$ は 1 の $q-1$ 乗根で，$\chi \in \widehat{\mathbb{F}_q^\times}$ は値 $\chi(\sigma)$ で一意的に定まる．逆に，1 の $q-1$ 乗根 ζ を一つ与えるごとに $\chi(\sigma) = \zeta$ となる χ が存在する．よって，$\widehat{\mathbb{F}_q^\times}$ は 1 の $q-1$ 乗根全体の群と同一視される． □

定義 9.2

1. $\zeta_p := \exp\left(\dfrac{2\pi\sqrt{-1}}{p}\right)$ とする．$\chi \in \widehat{\mathbb{F}_q^\times}$ に対して，Gauss 和 $G(\chi)$ を次で定める[12]：

$$G(\chi) = \sum_{a \in \mathbb{F}_q} \chi(a) \zeta_p^{\mathrm{Tr}_{\mathbb{F}_q/\mathbb{F}_p}(a)}.$$

2. $\chi, \lambda \in \widehat{\mathbb{F}_q^\times}$ に対して，Jacobi 和 $J(\chi, \lambda)$ を次で定める：

$$J(\chi, \lambda) = \sum_{a,b \in \mathbb{F}_q, a+b=1} \chi(a)\lambda(b).$$

命題 9.1

$\chi, \lambda \in \widehat{\mathbb{F}_q^\times}$ とするとき次が成り立つ：

1. $\chi \neq \mathbf{1}$ のとき，$|G(\chi)| = q^{\frac{1}{2}}$.
2. $J(\mathbf{1}, \mathbf{1}) = q$. $\chi, \lambda \neq \mathbf{1}$ のとき，
$$J(\chi, \mathbf{1}) = J(\mathbf{1}, \lambda) = 0.$$
   $\chi \neq \mathbf{1}$ のとき，
$$J(\chi, \chi^{-1}) = -\chi(-1).$$
3. $\chi, \lambda, \chi\lambda \neq \mathbf{1}$ のとき，$J(\chi, \lambda) = \dfrac{G(\chi)G(\lambda)}{G(\chi\lambda)}$.
4. $\chi, \lambda, \chi\lambda \neq \mathbf{1}$ のとき，$|J(\chi, \lambda)| = q^{\frac{1}{2}}$.

前章で紹介した平方剰余の相互法則の第 IV 証明の途中の命題 8.2 で，p を法とする特別な Dirichlet 指標 χ に対して，「Gauss 和の絶対値が $p^{\frac{1}{2}}$」という 1 番目の記述を示したことを思い出そう．記述 4 も記述 1 と記述 3 から直ちに従う．よって，命題 9.1 の証明は省略したい．

以下この節を通して，簡単のため $\sqrt{-1} \in \mathbb{F}_p$ かつ $p-1 \equiv 0 \pmod{d}$ とする．$\alpha \in \mathbb{F}_q$ に対して，$N_{\mathbb{F}_q}(X^d = \alpha)$ を $\mathbb{F}_q$ における $X^d = \alpha$ の解の個数とす

---

[12] トレース写像 $\mathrm{Tr}_{\mathbb{F}_q/\mathbb{F}_p}$ は，$q = p^m$ とすると $x \mapsto \sum_{i=0}^{m-1} \mathrm{Fr}_p^i(x)$ で定まる準同型 $\mathbb{F}_q \longrightarrow \mathbb{F}_p$ である．

ると，

$$N_{\mathbb{F}_q}(X^d = \alpha) = \sum_{\chi \in \widehat{\mathbb{F}_q^\times},\, \chi^d = 1} \chi(\alpha) \tag{9.11}$$

が成り立つ．$\mathbb{F}_q^\times$ が巡回群であるという事実や 1 の原始 r 乗根 ζ_r のみたす等式 $1 + \zeta_r + \cdots + \zeta_r^{r-1} = 0$ から導出できるので，(9.11) の証明は練習問題として省略したい．

射影空間 $\mathbb{P}^2$ の分解 $\mathbb{P}^2 = \mathbb{A}^2 \amalg \mathbb{P}^1$ において，$X_2 \neq 0$ の部分が $\mathbb{A}^2$ と同一視され，$X_2 = 0$ で定まる "無限遠" の $\mathbb{P}^1$ は斉次座標 $(X_0 : X_1 : 0)$ で与えられる．よって，

$$\#F_d(\mathbb{F}_q) = N_{\mathbb{F}_q}(X_0^d + X_1^d = 1) + N_{\mathbb{F}_q}(X_0^d + 1 = 0) \tag{9.12}$$

となる．右辺に現れる量を計算してみよう．

$$N_{\mathbb{F}_q}(X_0^d + X_1^d = 1) = \sum_{a,b \in \mathbb{F}_q,\, a+b=1} N_{\mathbb{F}_q}(X_0^d = a) N_{\mathbb{F}_q}(X_0^d = b)$$

であるから，(9.11) 式を用いて計算して次を得る：

$$N_{\mathbb{F}_q}(X_0^d + X_1^d = 1) = q + (1-d) + \sum_{\substack{\chi, \lambda \in \widehat{\mathbb{F}_q^\times},\, \chi^d = \lambda^d = 1, \\ \chi, \lambda, \chi\lambda \neq 1}} J(\chi, \lambda).$$

一方で，仮定より 1 の $2d$ 乗根はすべて $\mathbb{F}_q$ に含まれるので次を得る：

$$N_{\mathbb{F}_q}(X_0^d + 1 = 0) = d.$$

上の計算結果を (9.12) 式に当てはめて次を得る：

$$\#F_d(\mathbb{F}_q) = 1 + q + \sum_{\substack{\chi, \lambda \in \widehat{\mathbb{F}_q^\times},\, \chi^d = \lambda^d = 1, \\ \chi, \lambda, \chi\lambda \neq 1}} J(\chi, \lambda). \tag{9.13}$$

補題 9.3

$\chi \in \widehat{\mathbb{F}_p^\times}$ に対して $\chi_{(m)} := \chi \circ \mathrm{Norm}_{\mathbb{F}_{p^m}/\mathbb{F}_p}$ とおくとき[13]，χ が位数 d をもつ $\widehat{\mathbb{F}_p^\times}$ の指標すべてをわたると，$\chi_{(m)}$ は位数 d をもつ $\widehat{\mathbb{F}_{p^m}^\times}$ の指標すべてをわたる．

拡大体が変化していくときの Jacobi 和について次の Davenport-Hasse 関

13）ノルム写像 $\mathrm{Norm}_{\mathbb{F}_{p^m}/\mathbb{F}_p}$ は，$x \mapsto \prod_{i=0}^{m-1} \mathrm{Fr}_p^i(x)$ で定まる準同型 $\mathbb{F}_{p^m}^\times \longrightarrow \mathbb{F}_p^\times$ である．全射であることが計算で確かめられる．

係式が成り立つ[14]：

$$G(\chi_{(m)}) = (-1)^{m-1} G(\chi)^m. \tag{9.14}$$

今までの話を組み合わせて次がわかる.

定理 9.1

$Z(t, F_d) = \dfrac{P_1(t)}{(1-t)(1-pt)}$ とかける. ただし, $P_1(t)$ は $(d-1)(d-2)$ 次の整数係数多項式でその根の複素絶対値はすべて $p^{-\frac{1}{2}}$ となる.

証明

$$a_m = 1 + p^m + \sum_{\substack{\chi, \lambda \in \widehat{\mathbb{F}_p^\times}, \chi^d = \lambda^d = 1, \\ \chi, \lambda, \chi\lambda \neq 1}} J(\chi_{(m)}, \lambda_{(m)})$$

とおくと，(9.13)式と $Z(t, F_d)$ の定義より

$$Z(t, F_d) = \exp\left(\sum_{m=1}^{\infty} \frac{a_m t^m}{m} \right)$$

を得る．(9.14)式より，

$$\sum_{m=1}^{\infty} \frac{J(\chi_{(m)}, \lambda_{(m)}) t^m}{m}$$

$$= -\sum_{m=1}^{\infty} \frac{(-J(\chi, \lambda))^m t^m}{m} = -\log(1 + J(\chi, \lambda)t)$$

なので，

$$P_1(t) = \prod_{\substack{\chi, \lambda \in \widehat{\mathbb{F}_p^\times}, \chi^d = \lambda^d = 1, \\ \chi, \lambda, \chi\lambda \neq 1}} (1 + J(\chi, \lambda)t)$$

とおくと, $Z(t, F_d) = \dfrac{P_1(t)}{(1-t)(1-pt)}$ となる. $P_1(t)$ の根の複素絶対値がすべて $p^{-\frac{1}{2}}$ であることは命題 9.1 より従う. $P_1(t)$ の係数は $\mathbb{Q}$ 上のガロワ群の作用で不変な代数的整数なので $P_1(t)$ は整数係数の多項式であり, 定義より $P_1(t)$ の次数もわかる. □

$\zeta(s, F_d)$ の零点はすべて $\mathrm{Re}(s) = \dfrac{1}{2}$ 上にあることが定理 9.1 からわかり, Riemann 予想の関数体類似が得られる. $\mathbb{F}_p$ 上の一般の非特異固有代数曲線

14）証明については，例えば[29]の11章を参照のこと.

C の合同ゼータ関数に対しても,「Riemann 予想」がみたされることは 1948 年に Weil によって示された.

Fermat 曲線の $\mathbb{Q}$ 有理点は Fermat の最終定理として代数的整数論に多大な影響を与えた. 上述のように, 有限体上の Fermat 曲線も Gauss 和および Jacobi 和などの面白い数論的対象に結びつく. これらの内容の詳細については, 例えば [29] の 8 章を参照されたい.

9.3 ● Weil 予想

André Weil
(1906-1998)

一般に n 次元非特異固有代数多様体 V の $\mathbb{C}$ 有理点 $V(\mathbb{C})$ は陰関数定理によって n 次元複素多様体とみなせる. その Betti コホモロジー $H^i_{\text{Betti}}(V(\mathbb{C}), \mathbb{Q})$ の $\mathbb{Q}$ ベクトル空間としての次元を $b_i = b_i(V(\mathbb{C}))$ と記し, $V(\mathbb{C})$ の i 次 Betti 数と呼ぶ. $V(\mathbb{C})$ は $2n$ 次元の位相多様体なので, $i < 0$ または $2n < i$ ならば $b_i = 0$ である. $n = 1$ の $V(\mathbb{C})$ はコンパクト Riemann 面と呼ばれ, 位相的には種数と呼ばれる穴の数 g で分類される 2 次元閉曲面である. このとき, $b_0 = b_2 = 1$, $b_1 = 2g$ となる.

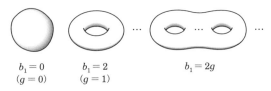

$b_1 = 0$ $b_1 = 2$ $b_1 = 2g$
$(g = 0)$ $(g = 1)$

図 9.1 種数 g のリーマン面

Weil (1906-1998) は, 1949 年に出版した記念碑的論文 "Numbers of solutions of equations in finite fields" において, それまでに知られていた代数曲線の合同ゼータ関数などの例に加えて, $\mathbb{P}^n$ の一般化である Grassman 多様体や多項式 $a_1 X_1^{d_1} + \cdots + a_n X_n^{d_n} = b$ で $\mathbb{A}^n$ の中に定まる代数多様体などの合同ゼータ関数の例を計算して, それらを状況証拠として以下の予想を提出し

た[15]．

予想 9.1（Weil 予想）

V_p を有限体 $\mathbb{F}_p$ 上の n 次元の非特異固有代数多様体とする．このとき，$Z(t, V_p)$ と V_p のゼータ関数 $\zeta(s, V_p) = Z(p^{-s}, V_p)$ に対して次が成り立つ．

1. $\zeta(s, V_p)$ は有理的である．
2. 定数項が 1 の整数係数多項式 $P_i(t)$ たちが存在して，
   $Z(t, V_p) = \dfrac{P_1(t) \cdots P_{2n-1}(t)}{P_0(t) \cdots P_{2n}(t)}$ と表される．
3. 各 i で上述の $P_i(t)$ のすべての根は複素絶対値 $p^{-\frac{i}{2}}$ を持つ．
4. 次の関数等式が成り立つ：
   $$Z\left(\frac{1}{p^n t}, V_p\right) = \pm p^{\frac{n\chi(V_p)}{2}} t^{\chi(V_p)} Z(t, V_p). \qquad (9.15)$$
   ただし，$\chi(V_p) = \sum\limits_{i=0}^{2n} (-1)^i \deg P_i(t)$ である．
5. V_p が $\mathbb{Q}$ 上のある非特異固有代数多様体 V の定義方程式の係数を $\bmod\, p$ して得られるとき，各 i で $\deg(P_i(t)) = b_i(V(\mathbb{C}))$ となる．

$P_i(t) = 0$ のすべての根の複素絶対値が $p^{-\frac{i}{2}}$ ならば $P_i(p^{-s})$ の零点が $\mathrm{Re}(s) = p^{\frac{i}{2}}$ 上にあるので，上の予想の 3 番目の記述を「Riemann 予想」と呼ぶ．5 番目の記述については，代数曲線の理論でよく知られた Riemann-Hurwitz 公式を使うと，$b_1(F_d(\mathbb{C})) = (d-1)(d-2)$ となり，たしかに定理 9.1 の $P_1(t)$ の次数と一致する．先に計算した射影空間 $\mathbb{P}^n$ の具体例でも，

$$H_{\mathrm{Betti}}^i(\mathbb{P}^n(\mathbb{C}), \mathbb{Q}) \cong \begin{cases} 0 & 0 \leq i \leq 2n \text{ で } i \text{ が奇数} \\ \mathbb{Q} & 0 \leq i \leq 2n \text{ で } i \text{ が偶数} \end{cases}$$

なる基本事実と第 9.2 節の $Z(t, \mathbb{P}^n)$ の計算が合致する．

1949 年の Weil 予想の提出の後，さまざまな代数多様体の具体例で Weil 予想（特に Riemann 予想の成立）が確かめられた．特に重要な仕事として，

15）後述のように，Deligne が解決して定理となっている．

Alexander Grothendieck
(1928-2014)

Manin が 1968 年の論文[16] で単有理的 3 次元多様体と呼ばれる代数多様体に対して，Deligne が 1972 年の論文[17] で K3 曲面と呼ばれる代数多様体に対して，それぞれ Riemann 予想の成立を確かめた．

具体例の研究の進展と並行して予想の一般的解決への挑戦も精力的に進行した．まず，Dwork が 1960 年の論文で，p 進コホモロジーの理論を用いて，$\zeta(s, V_p)$ の有理性を完全解決した．実は，Weil や Serre らにより $\mathbb{F}_p$ 上の代数多様体 V_p に対するある種の良いコホモロジーの存在が大事であることはわかっていたが，V_p の有理点は単なる有限集合で，$V(\mathbb{C})$ のように位相的な Betti コホモロジーを考えられなかった．Grothendieck (1928-2014) は，この困難を克服すべく，膨大な著作 EGA (Éléments de géométrie algébrique) で従来の代数幾何をスキームの言葉で書き換える革命を起こし，続く SGA (Séminaire de géométrie algébrique) で，期待される良いコホモロジーである ℓ 進エタールコホモロジーの理論の建設に成功した[18]．エタールとは，海の潮の穏やかな状態を指す仏単語「étale」からくる Grothendieck の文学的な命名で，$\mathbb{C}$ 上の多様体の中の位相的な被覆の，$\mathbb{F}_p$ 上の多様体での類似のイメージを表している．

今，$\overline{\mathbb{F}}_p = \bigcup_{m=1}^{\infty} \mathbb{F}_{p^m}$ とおき，$\mathbb{F}_p$ 上の代数多様体 V_p に対して係数を $\overline{\mathbb{F}}_p$ の中で考えた $\overline{\mathbb{F}}_p$ 上の代数多様体を $\overline{V}_p$ と記す．幾何的 Frobenius 写像と呼ばれる写像 $\mathrm{Fr} : \overline{V}_p \longrightarrow \overline{V}_p$ で，有理点 $\overline{V}_p(\overline{\mathbb{F}}_p) = V_p(\overline{\mathbb{F}}_p)$ の写像 $V_p(\overline{\mathbb{F}}_p) \xrightarrow{\mathrm{Fr}} V_p(\overline{\mathbb{F}}_p)$ が各点の座標の p 乗写像であるものが存在する．

素数 $\ell \neq p$ に対して，Grothendieck らによる ℓ 進エタールコホモロジーは，$\overline{\mathbb{F}}_p$ 上の n 次元非特異固有代数多様体 $\overline{V}_p$ に対する有限次元 $\mathbb{Q}_\ell$ ベクトル空間の族 $\{H^i_{\mathrm{et}}(\overline{V}_p, \mathbb{Q}_\ell)\}_{0 \leq i \leq 2n}$ で，次のよい性質をみたす．

---

16) この論文は，Grothendieck のモチーフの哲学を世界で初めて説明したことで有名である．
17) この論文は，2 次形式の Clifford 代数の理論を用いて，K3 曲面の重さ 2 の Hodge 構造を重さ 1 の Hodge 構造と結びつける重要なアイデアに基づいている．
18) エタールコホモロジーの教科書としては『Etale Cohomology Theory』(Lei Fu 著, World Scientific Publishing) がある．

1. 写像 $f : \overline{V}_p \longrightarrow \overline{V}_p$ に対して，各 i で $\mathbb{Q}_\ell$ 線型写像 $f^* : H^i_{\text{ét}}(\overline{V}_p, \mathbb{Q}_\ell)$ $\longrightarrow H^i_{\text{ét}}(\overline{V}_p, \mathbb{Q}_\ell)$ が引き起こされ，**Lefschetz 不動点公式**と呼ばれる公式：

    $$\#\{x \in V_p(\overline{\mathbb{F}}_p) | f(x) = x\}$$
    $$= \sum_{i=0}^{2n} (-1)^i \text{Tr}(f^* ; H^i_{\text{ét}}(\overline{V}_p, \mathbb{Q}_\ell))$$

    が成り立つ．

2. 各 i で，**Poincaré 双対性**と呼ばれる次の公式：

    $$H^i_{\text{ét}}(\overline{V}_p, \mathbb{Q}_\ell)(-n) \cong H^{2n-i}_{\text{ét}}(\overline{V}_p, \mathbb{Q}_\ell)^*$$

    が成り立つ．ただし，$(-n)$ がつくとベクトル空間は元と同型で，幾何的 Frobenius 写像が元の p^n 倍になることを意味する．

3. V_p が $\mathbb{Q}$ 上のある非特異固有代数多様体 V の $\text{mod } p$ で得られるとき，次が成り立つ：
    $$\dim_{\mathbb{Q}_\ell} H^i_{\text{ét}}(\overline{V}_p, \mathbb{Q}_\ell) = \dim_{\mathbb{Q}} H^i_{\text{Betti}}(V(\mathbb{C}), \mathbb{Q}).$$

第 9.2 節に述べた事実から，各自然数 m で
$$\#V_p(\mathbb{F}_{p^m}) = \#\{x \in V_p(\overline{\mathbb{F}}_p) | \text{Fr}^m(x) = x\}$$
なので，Lefschetz 不動点定理を $f = \text{Fr}^m$ で用いると

$$Z(t, V_p) = \exp\left(\sum_{m=1}^{\infty} \sum_{0 \leq i \leq 2n} \frac{(-1)^i \mathrm{Tr}((\mathrm{Fr}^*)^m \,;\, H^i_{\text{ét}}(\overline{V}_p, \mathbb{Q}_\ell)) t^m}{m} \right)$$

$$= \prod_{0 \leq i \leq 2n} \exp\left(\sum_{m=1}^{\infty} \frac{\mathrm{Tr}((\mathrm{Fr}^*)^m \,;\, H^i_{\text{ét}}(\overline{V}_p, \mathbb{Q}_\ell)) t^m}{m} \right)^{(-1)^i}$$

となる. 各 i で $h^i = \dim_{\mathbb{Q}_\ell} H^i_{\text{ét}}(\overline{V}_p, \mathbb{Q}_\ell)$ とおき, $\alpha_{i,1}, \cdots, \alpha_{i,h^i}$ を $\mathrm{Fr} : H^i_{\text{ét}}(\overline{V}_p, \mathbb{Q}_\ell)$ $\longrightarrow H^i_{\text{ét}}(\overline{V}_p, \mathbb{Q}_\ell)$ の固有値,

$$P_i(t) := \det(1 - \mathrm{Fr}^* t \,;\, H^i_{\text{ét}}(\overline{V}_p, \mathbb{Q}_\ell))$$

を固有多項式とすると, 次が成り立つ:

$$\prod_{0 \leq i \leq 2n} \exp\left(\sum_{m=1}^{\infty} \frac{\mathrm{Tr}((\mathrm{Fr}^*)^m \,;\, H^i_{\text{ét}}(\overline{V}_p, \mathbb{Q}_\ell)) t^m}{m} \right)^{(-1)^i}$$

$$= \prod_{0 \leq i \leq 2n} \prod_{1 \leq j \leq h^i} \exp\left(\sum_{m \geq 1} \frac{\alpha_{i,j}^m t^m}{m} \right)^{(-1)^i}$$

$$= \prod_{0 \leq i \leq 2n} \prod_{1 \leq j \leq h^i} (1 - \alpha_{i,j} t)^{(-1)^i}$$

$$= \frac{P_1(t) \cdots P_{2n-1}(t)}{P_0(t) \cdots P_{2n}(t)}.$$

$\mathbb{Q}_\ell(t) \cap \mathbb{Z}[[t]] \subset \mathbb{Q}(t)$ なので $Z(t, V_p) \in \mathbb{Q}(t)$ となり, Dwork が証明した有理性の ℓ 進的な別証明が得られる. 関数等式(9.15)も ℓ 進エタールコホモロジーの Poincaré 双対性からただちに従う. かくして, ℓ 進エタールコホモロジーという「よい性質をみたすコホモロジー理論」が構成された帰結として, Weil 予想の Riemann 予想以外のすべての記述が解決した.

Grothendieck は「モチーフの理論」や Riemann 予想を導く「スタンダード予想」の構想を打ち出して,「スタンダード予想」が解決した暁に帰結として Weil 予想が従う筋書きを描いていた. しかしながら, Grothendieck の継承者である Deligne が, スタンダード予想を介さずに代数多様体の族や退化の理論の巧みな組み合わせと保型形式の Rankin 理論からのアイデアで, 1974 年の論文において Weil 予想を証明してしまった[19].

上述以外にも,「モチーフのヨガ」や「重さの哲学」などによって Weil 予想が数論幾何にもたらした影響の重要性は大きい. Weil 以後の Weil 予想の進展や数論幾何に及ぼした影響については, 例えば, Milne の記事 "The

---

[19] スタンダード予想自体は今も未解決である.

Riemann hypothesis over finite fields：from Weil to the present day"[20] を参照されたい.

19 世紀までに出現した Riemann のゼータ関数, Dirichlet の L 関数, Dedekind のゼータ関数は, Euler 積の各 Euler 因子が 1 次多項式で与えられる「1 次のゼータ関数」のみであった. 20 世紀に数論的な代数多様体やそのガロワ表現を介して高次のゼータ関数が発見され, 我々のゼータに関する認識も進化していく.

20）http://www.jmilne.org/math/xnotes/pRH.pdf で入手可能.

第10章

ゼータの進化(2)

すぐ後で論じるように，前章の $\mathbb{F}_p$ 上の合同ゼータ関数の Euler 積をとって，「高次のゼータ関数」が得られる．一方，20 世紀前半にはまったく違う起源からモジュラー形式のゼータ関数が登場し，これら二つの違う系統のゼータたちの間の繋がりは近年の整数論研究の発展によって少しずつ明らかになってきている．本章ではそんな風景を紹介したい．

10.1●代数多様体から生じるゼータ

V を有理数体 $\mathbb{Q}$ 上の非特異固有代数多様体とする．V の定義方程式たちの係数を $\bmod p$ して得られる $\mathbb{F}_p$ 上の代数多様体 V_p は，ほとんどの素数 p で $\mathbb{F}_p$ 上の非特異固有代数多様体になる．うまく $\bmod p$ をとって V_p が $\mathbb{F}_p$ 上の非特異固有代数多様体になるならば，p は V の**良い素数**と呼ばれる．そうならない素数がたかだか有限個存在し，V の**悪い素数**と呼ばれる．例えば，前章の Fermat 曲線 $F_d : X^d + Y^d = Z^d \subset \mathbb{P}^2$ の悪い素数は d を割る素数たちである．

さて，$\mathbb{Q}$ 上の n 次元非特異固有代数多様体 V の良い素数 p で，$\mathbb{F}_p$ 上の代数多様体 V_p の係数を $\overline{\mathbb{F}}_p$ の中で考えた $\overline{\mathbb{F}}_p$ 上の代数多様体を $\overline{V}_p$ と記すとき，$0 \leqq i \leqq 2n$ なる勝手な整数 i に対して，p と異なる素数 ℓ をとり

$$Q_p(t, H^i(V)) := \det(1 - \mathrm{Fr}^* t \; ; H^i_{\mathrm{et}}(\overline{V}_p, \mathbb{Q}_\ell))$$

とおく．この多項式 $Q_p(t, H^i(V))$ は次数が

$$b_i(V(\mathbb{C})) = \dim_{\mathbb{Q}} H^i_{\mathrm{Betti}}(V(\mathbb{C}), \mathbb{Q})$$

で係数が ℓ に依らない整数係数多項式で，そのすべての根の複素絶対値は $p^{-\frac{i}{2}}$ となることが前章の Weil 予想（Deligne の定理）よりわかる．有限個の悪い素数 p でも多項式 $Q_p(t, H^i(V))$ が定義されるが，その定義には立ち入ら

ない[1]. 上述の Weil 予想の絶対値評価より,

$$L(s, H^i(V)) := \prod_p \frac{1}{Q_p(p^{-s}, H^i(V))} \tag{10.1}$$

は, $\mathrm{Re}(s) > \dfrac{i}{2} + 1$ で絶対収束する. $L(s, H^i(V))$ は, しばしば **Hasse-Weil** の L 関数と呼ばれる.

予想 10.1

V を $\mathbb{Q}$ 上の n 次元非特異固有代数多様体, $0 \leqq i \leqq 2n$ とする. このとき, 次が成り立つ.

（1） L 関数 $L(s, H^i(V))$ は, 複素平面全体に解析接続され, 有限個の極を除いて正則になる.

（2） $0 \leqq t \leqq \dfrac{n}{2}$ なる各整数 t で Hodge 理論の言葉によって決まる非負整数 $m(V, i\,;t), n(V, i\,;t)$ と, ガンマ関数 $\Gamma(s) = \displaystyle\int_0^\infty e^{-t} t^{s-1} dt$ を用いて,

$$\Gamma(s, H^i(V)) := \prod_{0 \leqq t \leqq \frac{n}{2}} (2(2\pi)^{t-s} \Gamma(s-t))^{m(V, i\,;t)}$$
$$\times \left(\pi^{\frac{t-s}{2}} \Gamma\left(\frac{s-t}{2} \right) \right)^{n(V, i\,;t)}.$$

と定めると[2], L 関数の補正:

$$\Lambda(s, H^i(V)) = \Gamma(s, H^i(V)) L(s, H^i(V))$$

に対する次の関数等式が期待される.

$$\Lambda(s, H^i(V)) = a(H^i(V))^{\frac{n+1}{2}-s} \varepsilon(H^i(V))$$
$$\times \Lambda(n+1-s, H^{2n-i}(V)).$$

ただし, $a(H^i(V)) \in \mathbb{Z}$, $\varepsilon(H^i(V)) \in \mathbb{C}^\times$ は, それぞれ Artin 導手, ε 因子と呼ばれる不変量である.

---

1) 悪い素数 p での $Q_p(t, H^i(V))$ は, 次数が $b_i(V(\mathbb{C}))$ より小さくなったり, 根の複素絶対値が $p^{-\frac{i}{2}}$ と異なることがある.

2) Deligne の "Valeurs de fonctions L et périodes d'intégrales", *Proc. Sympos. Pure Math.*, 33-2, pp. 313–346 (1979) を参照.

例 10.1

次元 n が低い代数多様体 V での例を挙げる.

(1) V が 1 点からなる $\mathbb{Q}$ 上の 0 次元代数多様体の場合. すべての素数 p は良い素数で
$$Q_p(t, H^0(V)) = 1-t$$
なので, 以下のようになる:
$$L(s, H^0(V)) = \prod_p \frac{1}{Q_p(p^{-s}, H^0(V))} = \zeta(s).$$
この例に対する予想 10.1 は, 第 5.4 節で紹介した Riemann の 1859 年の論文で示されている(今の場合, $a(H^0(V)) = \varepsilon(H^0(V)) = 1$, $m(V, 0 ; 0) = 0$, $n(V, 0 ; 0) = 1$ であることに注意する).

(2) V が $\mathbb{Q}$ 上の非特異固有代数曲線の場合を考える. $i = 0, 2$ では, すべての素数 p で,
$$Q_p(t, H^0(V)) = 1-t,$$
$$Q_p(t, H^2(V)) = 1-pt$$
が知られているので, 以下のようになる:
$$L(s, H^0(V)) = \zeta(s),$$
$$L(s, H^2(V)) = \zeta(s+1).$$
これは既知の Riemann のゼータ関数自身やその平行移動である.

一方で, 前章の Fermat 曲線のように, $L(s, H^1(V))$ が真に新しいゼータ関数となることもある. 種数 $g(V)$ が 0 ならば $L(s, H^1(V)) = 1$ であるが, $g(V) = 1$ のときの $L(s, H^1(V))$ は非自明な関数である. $g(V) = 1$ の場合の予想 1 は, Wiles, Wiles-Taylor が Fermat 予想を解決した 1995 年の論文で, C が半安定還元を持つときに限って解決し, Breuil-Conrad-Diamond-Taylor が 2001 年の論文で完全解決した非常に深い結果である.

V が種数の大きな代数曲線や次元が高い代数多様体のときも, V と i をう

まく選ぶと L 関数 $L(s, H^i(V))$ として，既知の Riemann のゼータ関数や Dirichlet の L 関数の平行移動や掛け合わせではない真に新しい高次のゼータ関数が得られることがある．そして，Riemann のゼータや Dirichlet の L 関数が素数に対する整数論の情報をたくさん秘めていたように，代数多様体 V の幾何的性質が $L(s, H^i(V))$ に反映されていると期待される．また，Grothendieck の「モチーフ」の言葉によって，$H^i(V)$ を幾つかのモチーフ $\{\mathcal{M}_j\}_{1 \leq j \leq k}$ たちに分解して，

$$L(s, H^i(V)) = \prod_{j=1}^{k} L(s, \mathcal{M}_j)$$

を考えることもある．

予想 10.1 は一般に未解決であるが，V が特別な志村多様体のときなど，示されている場合もある．

10.2 ● モジュラー形式

前節の Hasse-Weil の L 関数とはまったく異なる Hecke の L 関数を次節で紹介したい．その準備として本節ではモジュラー形式について説明したい．

複素数 z の虚部を $\mathrm{Im}(z)$ で表すとき，複素上半平面 $\mathfrak{H} = \{z \in \mathbb{C} \mid \mathrm{Im}(z) > 0\}$ には $\gamma = \begin{pmatrix} a & b \\ c & d \end{pmatrix} \in SL_2(\mathbb{Z})$ が一次分数変換 $\gamma z = \dfrac{az+b}{cz+d}$ で作用する．実際，公式 $\mathrm{Im}(z) = \dfrac{z - \bar{z}}{2\sqrt{-1}}$ と簡単な計算で，$\mathrm{Im}(z) > 0$ ならば $\mathrm{Im}(\gamma z) > 0$ であることが確かめられる．

正整数 N に対して，$\Gamma_1(N) \subset SL_2(\mathbb{Z})$ を次で定める．

$$\Gamma_1(N) = \left\{ \begin{pmatrix} a & b \\ c & d \end{pmatrix} \in SL_2(\mathbb{Z}) \,\middle|\, c \equiv 0, d \equiv 1 \mod N \right\}.$$

$\mathfrak{H}$ 上の正則関数 $f(z)$，正整数 k，群 $SL_2(\mathbb{Z})$ の元 $\gamma = \begin{pmatrix} a & b \\ c & d \end{pmatrix}$ に対して次のように記号を定める：

$$f(z)\big|_\gamma^k := (cz+d)^k f(\gamma z).$$

定義 10.1

$k \geq 1$ を整数，N を正の整数とする．$\mathfrak{H}$ 上の正則函数 $f(z)$ が次の二条件 (i), (ii) をみたすとき，$f(z)$ を重さ k，レベル N の**モジュラー**

形式という.

（ i ） 勝手な $\gamma \in \Gamma_1(N)$ に対して
$$f(z)|_\gamma^k = f(z).$$

（ ii ） 勝手な $\delta \in SL_2(\mathbb{Z})$ で，$q = \exp(2\pi\sqrt{-1}z)$ に関する Fourier 展開[3]
$$f(z)|_\delta^k = \sum_{n=-\infty}^{\infty} a_n^\delta q^{\frac{n}{M}}$$
の $n < 0$ での係数 a_n^δ は 0（つまり，無限遠で正則）である.

また，上の条件(ii)の Fourier 展開で，勝手な $\delta \in SL_2(\mathbb{Z})$ で $a_0^\delta = 0$ が成り立つ（つまり，無限遠で消える）とき，$f(z)$ を重さ k，レベル N の**カスプ形式**という.

重さ k，レベル N のモジュラー形式全体のなす $\mathbb{C}$ ベクトル空間を $M_k(\Gamma_1(N))$ と記す.カスプ形式のなす $M_k(\Gamma_1(N))$ の部分空間を $S_k(\Gamma_1(N))$ と記す.

特に $N = 1$ の場合，$\Gamma_1(1) = SL_2(\mathbb{Z})$ の勝手な元は，
$$S = \begin{pmatrix} 0 & 1 \\ -1 & 0 \end{pmatrix}, \quad T = \begin{pmatrix} 1 & 1 \\ 0 & 1 \end{pmatrix}, \quad U = \begin{pmatrix} -1 & 0 \\ 0 & -1 \end{pmatrix}$$
たちを有限回掛け合わせて得られることが知られている（例えば，[4]の第7章§1を参照）.$z \in \mathfrak{H}$ とすると，$Sz = \dfrac{-1}{z}$，$Tz = z+1$，$Uz = z$ である.以上のことから，$\mathfrak{H}$ 上の正則関数 $f(z)$ に対して，$N = 1$ と偶数 k で

$f(z)$ が定義 10.1 の(i)をみたす
$$\overset{\text{同値}}{\Longleftrightarrow} f(z+1) = f(z) \quad \text{かつ} \quad f\left(\frac{-1}{z}\right) = z^k f(z) \tag{10.2}$$
なる同値がわかる.

一般に，$T \in \Gamma_1(N)$ であるから，$f(z) \in M_k(\Gamma_1(N))$ ならば，定義 10.1 の(i)より周期性 $f(z+1) = f(z)$ が成り立ち，Fourier 展開 $f(z) = \sum_{n=-\infty}^{\infty} a_n(f)q^n$ を持つ.定義 10.1 の(ii)を $\delta = \mathbf{1}$ で適用すると，$n < 0$ なら $a_n(f) = 0$ となる.また，勝手な $\delta \in SL_2(\mathbb{Z})$ に対しても，適当な正整数 M を

---

3) 適当な自然数 M で Fourier 展開がある理由は後で補足する.

とると周期性 $f(z+M)|_\delta^k = f(z)|_\delta^k$ が成立するので[4]，Fourier 展開 $f(z)|_\delta^k = \sum_{n=-\infty}^{\infty} a_n^\delta q^{\frac{n}{M}}$ があり，定義 10.1 の(ii)は条件として意味をなす．

命題 10.1

勝手な重さ k と勝手なレベル N に対して，$M_k(\Gamma_1(N)), S_k(\Gamma_1(N))$ は有限次元となる．

特に，$k \geqq 2$ のときには次元公式も知られている．一番簡単な $\Gamma_1(1) = SL_2(\mathbb{Z})$ の場合には，k が奇数ならば $M_k(SL_2(\mathbb{Z})) = 0$ であり，k が正の偶数のときには，次元公式は，

$$
\dim_{\mathbb{C}} M_k(SL_2(\mathbb{Z})) = \begin{cases} \left[\dfrac{k}{12}\right] & k \equiv 2 \mod 12 \\[2mm] \left[\dfrac{k}{12}\right]+1 & k \not\equiv 2 \mod 12 \end{cases}
$$

となる．この公式は複素関数の留数計算を用いた初等的な方法で証明できる（例えば，[4]の第7章§3を参照）．具体例をいくつか挙げておく．

4以上の偶数 k に対して，勝手な $z \in \mathfrak{H}$ での無限級数

$$
G_k(z) = \sum_{\substack{(m,n) \in \mathbb{Z}^2 \\ (m,n) \neq (0,0)}} \frac{1}{(mz+n)^k} \tag{10.3}
$$

は絶対収束する．$G_k(z)$ は z に関する正則関数になり，(10.2)の同値性を用いることで，$G_k(z)$ が定義 10.1 の条件(i)をみたすこともすぐに確かめられる．自然数 l ごとに数論的関数 $\sigma_l(n) : \mathbb{N} \longrightarrow \mathbb{N}$ を

$$
\sigma_l(n) = \sum_{m \in \mathbb{N}, m \mid n} m^l
$$

で定めるとき，$G_k(z)$ の Fourier 展開は次で与えられる（例えば，[4]の第7章§4を参照）：

---

4)

$$
\left(\delta \begin{pmatrix} 1 & 1 \\ 0 & 1 \end{pmatrix} \delta^{-1}\right)^M = \delta \begin{pmatrix} 1 & M \\ 0 & 1 \end{pmatrix} \delta^{-1} \in \Gamma_1(N)
$$

となる M をとればよい．

$$G_k(z) = 2\zeta(k) + 2\frac{(2\pi\sqrt{-1})^k}{(k-1)!} \sum_{n=1}^{\infty} \sigma_{k-1}(n)q^n \tag{10.4}$$

かくして，$G_k(z)$ は無限遠で正則なので，$G_k(z) \in M_k(SL_2(\mathbb{Z}))$ となる．（10.3）のような二重級数は，Eisenstein の 1847 年の論文で，二重周期を持つ楕円関数の構成とその研究で登場したので[5)]，$G_k(z)$ を重さ k，レベル 1 の **Eisenstein 級数** という．

$f(z) \in M_k(SL_2(\mathbb{Z}))$ のとき，任意の $\delta \in SL_2(\mathbb{Z})$ で，$f(z)|_\delta^k = f(z)$ より $a_0^\delta = a_0(f)$ となる．よって，ベクトル空間 $S_k(SL_2(\mathbb{Z}))$ は写像

$$M_k(SL_2(\mathbb{Z})) \longrightarrow \mathbb{C}, \quad f(z) \mapsto a_0(f)$$

の核である．$G_k(z)$ の定数項 $\zeta(k)$ は 0 でないので，準同型定理によって，

$$M_k(SL_2(\mathbb{Z})) = S_k(SL_2(\mathbb{Z})) \oplus \mathbb{C}G_k(z) \tag{10.5}$$

となる．この同型と先に述べた $M_k(SL_2(\mathbb{Z}))$ の次元公式により，$S_k(SL_2(\mathbb{Z})) \neq 0$ となる最小の k は 12 で，$\dim_{\mathbb{C}} S_{12}(SL_2(\mathbb{Z})) = 1$ となる．空間 $S_{12}(SL_2(\mathbb{Z}))$ は次のような Fourier 展開を持つ $\Delta(z)$ で張られる：

$$\Delta(z) = q \prod_{m=1}^{\infty} (1-q^m)^{24} \tag{10.6}$$

実際，(10.2) の事実より，$\Delta\left(\dfrac{-1}{z}\right) = z^{12}\Delta(z)$ を確かめれば $\Delta(z) \in S_{12}(SL_2(\mathbb{Z}))$ が示せる（等式 $\Delta\left(\dfrac{-1}{z}\right) = z^{12}\Delta(z)$ に関しては，異なる 4 通りの別証明を与えた[30] の §9.2 などを参照のこと）．$\Delta(z)$ の Fourier 係数 $a_n(\Delta(z))$ は $\tau(n)$ と記され，**Ramanujan の τ 関数** と呼ばれる．後で述べる $\tau(n)$ に対する Ramanujan の予想（予想 10.2）は既に解決されたが，「$\tau(p)$ が p で割れる素数は無限個あるか？」「$\tau(n) = 0$ となる n はあるか？」など未解決の興味深い問題が残されている．

$\Gamma_1(N)$ の $\mathfrak{H}$ への作用の同値類からなる商空間は Riemann 面となる．この Riemann 面を $Y_1(N)$ と記す．今，$\gamma = \begin{pmatrix} a & b \\ c & d \end{pmatrix} \in SL_2(\mathbb{Z})$ ならば，上半平面 $\mathfrak{H}$ 上の微分形式 dz は $d(\gamma z) = \dfrac{dz}{(cz+d)^2}$ なる変換をみたすことが計算でわかるので，$f(z) \in M_2(\Gamma_1(N))$ のとき，$\mathfrak{H}$ 上の正則微分形式 $f(z)dz$ は $\Gamma_1(N)$ の作用で不変となり，$Y_1(N)$ 上の正則 1 次微分形式とみなせる．さらに，$f(z) \in S_2(\Gamma_1(N))$ に対する $f(z)dz$ は，$dz = \dfrac{dq}{2\pi\sqrt{-1}q}$ より $\mathfrak{H}$ の無限遠でも

---

5) 例えば，『アイゼンシュタインとクロネッカーによる楕円関数論』(A. ヴェイユ著，金子昌信訳，丸善出版)を参照のこと．

正則なので，$Y_1(N)$ に無限遠の点を有限個付け加えてコンパクト化した Riemann 面 $X_1(N)$ 上の正則 1 次微分形式となる．$X_1(N)$ 上の正則 1 次微分形式のなすベクトル空間を $\Omega^1(X_1(N))$ と記すとき，上の対応は次の同型を引き起こす：

$$S_2(\Gamma_1(N)) \xrightarrow{\sim} \Omega^1(X_1(N))$$

一次分数変換に関する不変性を持つ正則関数であるモジュラー形式は，現代的に整理される以前の 19 世紀から，代数や幾何のさまざまな現象と関係して現れていた．例えば，第 5 章で紹介した $\zeta(s)$ の解析接続に関する Riemann の第二証明では，テータ関数

Erich Hecke
(1887-1947)
[Photo courtesy of MFO]

$$\theta(z) = \sum_{n=-\infty}^{+\infty} e^{-\pi n^2 z}$$

が $\theta\left(\dfrac{-1}{z}\right) = z^{\frac{1}{2}}\theta(z)$ なる関係式をみたすモジュラー形式の仲間[6]である事実を用いた．19 世紀の数学にはさまざまなモジュラー形式の源流がある．

1920 年代から 1930 年代の Hecke らの研究によって，モジュラー形式の空間やその空間上の Hecke 作用素，次節で説明するモジュラー形式に対する L 関数の解析接続や関数等式などの理論が整備された．モジュラー形式の理論の入門的文献としては，互いに趣の異なる [4] の 7 章, [30] の 9 章を挙げておく．

10.3 ● モジュラー形式から生じるゼータ

時計の針を少し戻し，L 関数の理論の発展に大きな役割を果たした S. Ramanujan (1887-1920) に触れたい．南インドに生まれ育った Ramanujan は，大学を中途退学してマドラス（チェンナイ）の港湾信託局の経理事務官として勤めながら，彼の数学の理解者がいない孤独な苦境で数学の研究を続けていた．1913 年にケンブリッジ大学の Hardy に研究成果を送ったのをきっ

---

[6] 重さは $\dfrac{1}{2}$ でレベルは 4 である．

Srinivasa Ramanujan
(1887-1920)

かけに Hardy によって 1914 年にケンブリッジに招聘されたが，イギリスの寒い気候，菜食主義の彼に合わない食事，そのほか多くのストレスのせいかイギリス渡航後から健康状態を少しずつ害し，1919 年にはインドに帰国．翌年わずか 32 歳で帰らぬ人となる[7]．

高等数学の専門教育を受けていない Ramanujan であるが，西洋的な型にまったくはまらない神秘的で天才的な閃きに導かれて多くの数式を「発見」した．それらには間違いや既知の結果もあったようだが，彼以外の誰一人として発見できなかった真に独創的な数式を多く見つけ出した．Ramanujan が情熱を注いだ主題の一つに**分割数** $p(n)$ などの数論的関数たちがある．

正整数 n に対して，次のような正整数の和への分割

$$n = a_1 + a_2 + \cdots + a_s \quad (a_1 \geqq a_2 \geqq \cdots \geqq a_s > 0)$$

の仕方の総数を $p(n)$ と定める．例えば，4 は

$$4 = 1+1+1+1 = 2+1+1 = 2+2 = 3+1$$

と 5 通りの分割を持つので，$p(4) = 5$ である．分割数は，$p(10) = 42$，$p(100) = 190569292$ と急激に大きくなり，一見してわかる簡単な公式はなさそうである．1918 年に発表した Hardy との共同研究では，

$$p(n) = \left(\sum_{1 \leqq k < \alpha\sqrt{n}} P_k(n) \right) + R(n) \tag{10.8}$$

を得た．ここで，α は定数であり，また，$P_k(n)$ は 1 の $24k$ 乗根 $\omega_{j,k}$ たちを用いて次式で与えられる：

$$\left(\sum_{\substack{0 \leqq j < k \\ (j,k) = 1}} \omega_{j,k} e^{-\frac{2nj\pi\sqrt{-1}}{k}} \right) \times \frac{\sqrt{k}}{2\pi\sqrt{2}} \frac{d}{dn} \left(\frac{e^{\frac{\pi}{k}\sqrt{\frac{2}{3}}\sqrt{n-\frac{1}{24}}}}{\sqrt{n-\frac{1}{24}}} \right).$$

誤差項 $R(n)$ も適当な定数 M を用いて $|R(n)| < Mn^{-\frac{1}{4}}$ と評価できる．証明は複素関数論の精緻な議論によるが，(10.8) は分割数 $p(n)$ のきわめて小さ

---

[7] 数学者 Ramanujan に関しては，優れた伝記 [31] があり，日本でも 2016 年 10 月公開となった映画『奇蹟がくれた数式』(原題：The Man Who Knew Infinity) のもとになっている．

な誤差での表示を与えている．例えば，$p(100) = 190569292$ であるが，表示 (10.8) の誤差 $R(100)$ は 0.004 くらいである．

また，上の研究の分割数の数値例を検証する過程で，Ramanujan は次のような一般的な合同式を見つけた．

$$p(5m+4) \equiv 0 \pmod 5,$$
$$p(7m+5) \equiv 0 \pmod 7, \tag{10.9}$$
$$p(11m+6) \equiv 0 \pmod{11}$$

分割数の母関数 $F(q) = \sum_{n=1}^{\infty} p(n) q^n$ は，簡単な組合せ論的考察で次のようになることもわかる：

$$F(q) = \frac{1}{(1-q)(1-q^2)(1-q^3)\cdots}.$$

カスプ形式 $\Delta(z)$ の q 展開と $\Delta = \dfrac{q}{F(q)^{24}}$ と単純な関係があることに気がつくかもしれない．実際，分割数はモジュラー形式と縁が深く，分割の仕方に制限をつけた変種の分割数に対する同様の母関数は，しばしば何らかのモジュラー形式の q 展開となる．そして，漸近表示 (10.8) や $p(n)$ のさまざまな合同式の証明でも，しばしば $F(q)$ やその仲間の母関数たちがモジュラー形式である事実が効いてくる．

Ramanujan の 1916 年の論文「ある数論的関数たちについて」[8] は，$p(n)$ や $\tau(n)$ を始めとする数論的関数やその母関数を論じて，次の予想を提起した．

予想 10.2

（1）　$(m, n) = 1$ のとき，$\tau(mn) = \tau(m)\tau(n)$.

（2）　勝手な素数 p，正整数 r で
$$\tau(p^{r+1}) = \tau(p)\tau(p^r) - p^{11}\tau(p^{r-1}).$$

（3）　勝手な素数 p で，$|\tau(p)| \leq 2p^{\frac{11}{2}}$.

予想 10.2 の (1) と (2) は，1917 年に発表された Mordell の論文[9] で直ちに解決された．特に，(2) を中心に Mordell のアイデアを紹介したい．$f(z) \in M_k(SL_2(\mathbb{Z}))$ と勝手な素数 p に対して，後に **Hecke 作用素** と呼ばれるように

---

8)　"On certain arithmetical functions" *Transactions of the Cambridge Phil. Soc.*, 22. pp. 159-184.

9)　"On Mr. Ramanujan's empirical expansions of modular functions" *Proc. of the Cambridge Phil. Soc.*, 19. pp. 117-124.

なる次の変換を考えよう.

$$T_p : f(z) \mapsto \frac{1}{p} \sum_{i=1}^{p} f\left(\frac{z+i}{p}\right) + p^{k-1} f(pz) \tag{10.10}$$

$f(z) \in M_k(SL_2(\mathbb{Z}))$ ならば $T_p(f(z)) \in M_k(SL_2(\mathbb{Z}))$ となることがすぐにわかる. 特に $T_p(\Delta(z)) \in S_{12}(SL_2(\mathbb{Z}))$ である. 比 $\dfrac{T_p(\Delta(z))}{\Delta(z)}$ は, 分母と分子の零点が一致しているので有界な正則関数となり, Liouville の定理により定数となる(先述の次元公式 $\dim_{\mathbb{C}} S_{12}(SL_2(\mathbb{Z})) = 1$ を使えば, Mordell の議論のこの部分は直ちに従う). 上述の定義から

$$a_n(T_p(\Delta(z))) = \begin{cases} \tau\left(\dfrac{n}{p}\right) & p \mid n \\ 0 & p \nmid n \end{cases} \tag{10.11}$$

がすぐに確かめられるので, 上述の比は

$$\frac{T_p(\Delta(z))}{\Delta(z)} = \lim_{q \to 0} \frac{\tau(p)q + (q^2 \text{ で割れる部分})}{q + (q^2 \text{ で割れる部分})} = \tau(p)$$

と計算できる. よって, $T_p(\Delta(z))$ の Fourier 展開における q^{p^r} の係数は $\tau(p)\tau(p^r)$ である. 一方で, q^{p^r} の係数を(10.10)式の定義によって計算すると, $p^{11}\tau(p^{r-1}) + \tau(p^{r+1})$ となる. かくして, 予想 10.2 の(2)が導かれた. 予想 10.2 の(3)は, 20 世紀に進化した数論幾何学の粋を結集して半世紀後に解決される(次節の定理 10.1 を参照).

　その後, 一般のレベル N でも, Hecke 作用素 T_p の理論やモジュラー形式の理論が Hecke らによって急速に整備された[10]. $p \nmid N$ なる素数では T_p は対角化可能であり, 異なる素数 p, p' での Hecke 作用素 $T_p, T_{p'}$ は互いに可換である. すべての素数 p での T_p で同時固有ベクトルとなる $f(z) \in M_k(\Gamma_1(N))$ を **Hecke 固有形式** と呼ぶとき, f のみに依存する N を法とする Dirichlet 指標 ψ_f が存在して, Hecke 固有形式 f の Fourier 係数に対して次の(1), (2)が成り立つことが示された.

(1) $(m, n) = 1$ のとき, $a_{mn}(f) = a_m(f)a_n(f)$.
(2) $p \nmid N$ なる勝手な素数 p, 正整数 r で
$$a_{p^{r+1}}(f) = a_p(f)a_{p^r}(f) - p^{k-1}\psi_f(p)a_{p^{r-1}}(f).$$

---

10) $p \mid N$ での Hecke 作用素 T_p は若干修正して定義される.

$L(s,f) := \sum_{n=1}^{\infty} \dfrac{a_n(f)}{n^s}$ と定め，これを Hecke の L 関数と呼ぶとき，上の関係式から $L(s,f)$ は次の Euler 積表示を持つことがわかる：

$$\prod_{p:\text{素数},\, p\nmid N} \frac{1}{1-a_p(f)p^{-s}+\psi_f(p)p^{k-1-2s}} \prod_{p:\text{素数},\, p\mid N} \frac{1}{1-a_p(f)p^{-s}} \qquad (10.12)$$

Eisenstein 級数の L 関数は単に 1 次の L 関数の積となる．例えば，レベル 1 のときには，（10.4）式の Eisenstein 級数は Hecke 固有形式であり，その定数倍を正規化した $E_k(z) = \dfrac{G_k(z)}{a_1(G_k(z))}$ の L 関数は，

$$L(s, E_k(z)) = \sum_{n=1}^{\infty} \frac{\sigma_{k-1}(n)}{n^s} = \zeta(s)\zeta(s+1-k)$$

となる．カスプ形式に対しては，次の結果がある．

命題 10.2

$f \in S_k(\Gamma_1(N))$ を正規化された Hecke 固有形式とするとき，$L(s,f)$ は全複素平面上の正則関数に解析接続される．$\Lambda(s,f) = \dfrac{\Gamma(s)}{(2\pi)^s} L(s,f)$ とおくとき，次の関数等式をみたす：

$$\Lambda(s,f) = N^{\frac{k}{2}-s} c_f \Lambda(k-s, \overline{f}) \qquad (c_f \in \mathbb{C}^{\times})$$

ただし，$\overline{f} \in S_k(\Gamma_1(N))$ は Fourier 係数 $a_n(\overline{f})$ が $a_n(f)$ の複素共役と一致するカスプ形式である．

証明のあらすじ

Hecke の L 関数は $\mathrm{Re}(s) > \dfrac{k+1}{2}$ において次の積分表示を持つ[11]：

$$\int_0^{\infty} f(\sqrt{-1}\,y) y^{s-1} dy = \sum_{n=1}^{\infty} a_n(f) \int_0^{\infty} e^{-2\pi ny} y^{s-1} dy$$

$$= \sum_{n=1}^{\infty} \frac{a_n(f)}{n^s} \frac{1}{(2\pi)^s} \int_0^{\infty} e^{-t} t^{s-1} dt$$

$$= \frac{\Gamma(s)}{(2\pi)^s} \sum_{n=1}^{\infty} \frac{a_n(f)}{n^s}.$$

これによって，最後の項 $\dfrac{\Gamma(s)}{(2\pi)^s} L(s,f)$ が $\mathbb{C}$ 全体に解析接続され，次の表示がある：

---

11) 最初の等号は，$e^{-2\pi y}$ が y の急減少な関数なので無限和と積分記号の交換が正当化されることによる．次の等号は $t = -2\pi ny$ による変数変換である．

$$\int_0^\infty f(\sqrt{-1}\,y)y^{s-1}dy = \frac{\Gamma(s)}{(2\pi)^s}L(s,f) = \Lambda(s,f).$$

以下，簡単のために $N=1$ として関数等式を証明しよう．まず，上の左辺の積分は次のように分解される：

$$\int_0^1 f(\sqrt{-1}\,y)y^{s-1}dy + \int_1^\infty f(\sqrt{-1}\,y)y^{s-1}dy. \tag{10.13}$$

変換 $\sqrt{-1}\,y \mapsto \dfrac{-1}{\sqrt{-1}\,y}$ において，積分経路 $(0,1)$ は $(1,\infty)$ に移り，(10.2) より

$$f\left(\frac{-1}{\sqrt{-1}\,y}\right) = \sqrt{-1}^{\,k}y^k f(\sqrt{-1}\,y)$$

が成り立つ．よって，(10.13) を整理すると次が得られる：

$$\int_1^\infty f(\sqrt{-1}\,y)(\sqrt{-1}^{\,k}y^{k-s}+y^s)\frac{dy}{y} \tag{10.14}$$

(10.14) の式は $s \leftrightarrow k-s$ の変換で $\sqrt{-1}^{\,k}$ 倍され，$N=1$ では $f = \overline{f}$ なので欲しい関数等式が従う． $\qquad\square$

(10.12) 式を観察すると，$p \nmid N$ なる各素数 p での Euler 因子は 2 次多項式 $1 - a_p(f)t + \psi_f(p)p^{k-1}t^2$ に $t = p^{-s}$ を代入した形なので，$L(s,f)$ は「2 次の L 関数」である[12]．20 世紀には，より高次元の空間上の"高次元のモジュラー形式"の理論も発展し，次数が 3 以上の L 関数がたくさん発見された．これらの"高次元の Hecke の L 関数"も今後の興味深い研究対象である．

10.4●ロゼッタストーン

現代の数論では L 関数を介した Langlands 予想（Langlands 対応）が重要で，さまざまな数論的応用もある．

例えば，モジュラー形式の Fourier 係数の複素絶対値に関する Ramanujan 予想（予想 10.2 の(3)）は，Δ に限らない一般の場合に拡張した形で証明された．

---

12) 実は，$L(s,f)$ が正則である事実を用いると，カスプ形式の L 関数が 1 次のゼータの積で表せないことも導かれる．

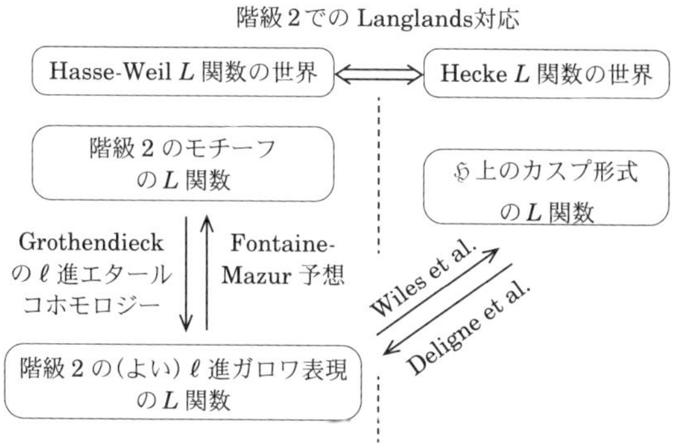

階級2での Langlands対応

図10.1 特別な場合の Langlands 対応

定理 10.1 (Deligne)

$k \geqq 2$, N を自然数とする. $f \in S_k(\Gamma_1(N))$ を $a_1(f) = 1$ と定数倍を正規化した Hecke 固有カスプ形式とする. このとき, N を割らないすべての素数 p で $|a_p(f)| \leqq 2p^{\frac{k-1}{2}}$ が成立する.

証明のあらすじ

$k = 2$ のとき, (10.7) があるので, Eichler や志村によって, $H^1(X_1(N))$ のある部分モチーフ $\mathcal{M}_f$ が存在して, $L(s, f) = L(s, \mathcal{M}_f)$ となることが示されている. $k > 2$ のときも, 久賀, 佐藤, 伊原, Deligne らによって「久賀-佐藤多様体」と呼ばれる $k-1$ 次元の代数多様体 V に対するモチーフ $H^{k-1}(V)$ のある部分モチーフ $\mathcal{M}_f$ が存在して, $L(s, f) = L(s, \mathcal{M}_f)$ となることが示されている(Deligne の 1971 年出版の論文[13]で示された).

前章で紹介した Weil 予想(Deligne が 1974 年に解決)をモジュラー形式のモチーフ $\mathcal{M}_f$ に適用すると, Weil 予想で得られた Frobenius 作用の固有値の絶対値の評価から Fourier 係数 $a_p(f)$ の絶対値の評価が従う. □

---

13) "Formes modulaires et représentations ℓ-adiques" *Sémin. Bourbaki* 1968/69 *Exposés* 347-363, vol. 355, pp. 139-172.

Robert Langlands
(1936-)
[CC-BY-SA-3.0, Photograph: Jeff Mozzochi]

定理 10.1 では, Hecke の L 関数の問題を, このように Langlands 哲学によって Hasse-Weil の L 関数の問題に翻訳して解決したのである. 一方で, Hasse-Weil の L 関数の問題を Hecke の L 関数の問題に翻訳して解決する定理 10.2 のような逆方向の恩恵もある.

定理 10.2 (Wiles, Taylor-Wiles, Breuil-Conrad-Diamond-Taylor)
C を有理数体上定義された種数 1 の非特異固有代数曲線とする. このとき, $L(s, H^1(C))$ に対して, 予想 10.1 は正しい.

証明のあらすじ

ℓ 進ガロワ表現の変形理論に対する Taylor-Wiles 系の議論と呼ばれる Wiles による新しい手法で, $L(s, H^1(C)) = L(s, f)$ となる重さ 2 の Hecke 固有カスプ形式 f の存在が示された. このとき, 命題 10.2 の証明で論じた Hecke の L 関数 $L(s, f)$ のよい積分表示があるので解析接続や関数等式が従う. □

Napoleon がエジプト遠征でナイル川沿域のロゼッタから持ち帰ったロゼッタストーンには, 同一の文章が, エジプトの古代文字ヒエログリフとデモティック, そしてギリシア語の三種類の異なる文字で記されている. ギリシャ語を仲立ちとして相互に照らし合わせることで, ロゼッタストーンはヒエログリフとデモティックの解読の急速な進歩に貢献した.

Weil が最初に代数的整数論と Riemann 面の理論を有限体上の代数曲線の理論を介して読み解くことを「ロゼッタストーン」に喩えたのにならって, Langlands の哲学で双方の L 関数の理解が深まる様子も, ロゼッタストーンになぞらえられることがある. Langlands 予想は, 少しずつ予想の定式化を

第10章 ゼータの進化(2)

自己修正しながら一般化され,現在も成長を続けている.

153

第11章
ゼータ関数の特殊値(1)

　第5章や第7章において Riemann のゼータ関数や Dirichlet の L 関数の零点の分布, $s = 1$ での振る舞いから数論的な応用が引き出せることをいろいろと紹介してきた. 本章では, ゼータ関数の整数点 n での値とその意味を論じたい.

11.1●Riemannのゼータ関数や DirichletのL関数の特殊値

　第4章でも, Riemann のゼータ関数の正の偶数 $2k$ での特殊値 $\zeta(2k)$ が有理数と π^{2k} の積になること, $\zeta(3)$ の無理性などを論じた. もう少しゼータ値を詳しく論じるために, 母関数 $f(t) := \dfrac{te^t}{e^t - 1}$ によって,

$$f(t) = \sum_{n=0}^{\infty} \frac{B_n}{n!} t^n$$

で Bernoulli 数と呼ばれる有理数 B_n を定義したことを思い出そう. Bernoulli 数の母関数に1次式 $-\dfrac{t}{2}$ を加えた $\dfrac{te^t}{e^t-1} - \dfrac{t}{2}$ を観察すると, 変換 $t \mapsto -t$ で不変なので t の奇数次係数は零である. よって, 3以上の奇数 n では $B_n = 0$ となる. 正の偶数 $n = 2k$ では, $(-1)^{k+1} B_{2k} > 0$ が知られている(命題11.1の式(11.1)から従うが, 直接証明は, [32]の§1.4を参照). 小さな偶数 n での B_n の値を分子と分母を素因数分解して挙げておく.

$$B_2 = \frac{1}{2 \cdot 3}, \quad B_4 = -\frac{1}{2 \cdot 3 \cdot 5}, \quad B_6 = \frac{1}{2 \cdot 3 \cdot 7},$$

$$B_8 = -\frac{1}{2 \cdot 3 \cdot 5}, \qquad B_{10} = \frac{5}{2 \cdot 3 \cdot 11},$$

$$B_{12} = -\frac{691}{2\cdot3\cdot5\cdot7\cdot13}, \qquad B_{14} = \frac{7}{2\cdot3},$$

$$B_{16} = -\frac{3617}{2\cdot3\cdot5\cdot17}, \qquad B_{18} = \frac{43867}{2\cdot3\cdot7\cdot19},$$

$$B_{20} = -\frac{283\cdot617}{2\cdot3\cdot5\cdot11}, \qquad \cdots$$

Bernoulli 数 B_{2k} の分母に関しては，$B_{2k} - \sum\limits_{\substack{p:\,素数 \\ p-1\,|\,2k}} \frac{1}{p}$ は整数であることが von Staudt と Clausen によって 1840 年頃に示されており（例えば，[32]の第 3 章を参照），特に $p > 2k+1$ なる素数 p は有理数 B_{2k} の分母を割らない．一方で，B_{2k} の分子には，不思議と大きな素数が現れることがあり，この現象の背景には後で触れたい．

命題 11.1

k を正整数とするとき，次が成り立つ：

$$\zeta(2k) = (-1)^{k+1}\frac{2^{2k-1}}{(2k)!}B_{2k}\pi^{2k}, \tag{11.1}$$

$$\zeta(1-2k) = -\frac{B_{2k}}{2k}. \tag{11.2}$$

証明

以前に，$\Lambda(s) := \pi^{-\frac{s}{2}}\Gamma\left(\frac{s}{2}\right)\zeta(s)$ とおくことで，関数等式 $\Lambda(s) = \Lambda(1-s)$ が成り立つことを紹介した．よって，勝手な整数 n に対して

$$\zeta(n) = \pi^{n-\frac{1}{2}}\frac{\Gamma\left(\dfrac{1-n}{2}\right)}{\Gamma\left(\dfrac{n}{2}\right)}\zeta(1-n)$$

となる．さらに，ガンマ関数のよく知られた公式

$$\Gamma\left(\frac{s}{2}\right)\Gamma\left(\frac{s+1}{2}\right) = \pi^{\frac{1}{2}}2^{1-s}\Gamma(s)$$

$$\Gamma(s)\Gamma(1-s) = \frac{\pi}{\sin\pi s}$$

$$\Gamma(n) = (n-1)! \quad (n \text{ が正整数のとき})$$
を用いると，勝手な正整数 n に対して，
$$\sin\left(\frac{n+1}{2}\pi\right)\zeta(n) = \frac{2^{n-1}}{(n-1)!}\pi^n\zeta(1-n) \tag{11.3}$$
が得られる．(11.3)より，勝手な正の偶数 $n=2k$ に対して(11.1)と(11.2)は同値であることがわかる．以下で説明するように，(11.2)の証明は Contour 積分と呼ばれる手法でうまく積分経路をとって計算できる．

$\mathbb{C}$ を $\mathbb{R}_{>0}$ で切除して $\log z$ の枝をとり，$z \in \mathbb{C}$ が動く経路 S_ε を図 11.1 のようにとる：

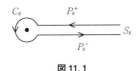

図 11.1

P_ε^+：枝 $z = \exp(\log z)$ に沿う経路 (∞, ε)
　　$\longrightarrow C_\varepsilon$：中心 $z=0$，半径 ε の円の反時計周り経路
　　$\longrightarrow P_\varepsilon^-$：枝 $z = \exp(\log z + 2\pi\sqrt{-1})$ に沿う経路 (ε, ∞).
このとき，$\lim\limits_{\varepsilon \to 0} \int_{C_\varepsilon} f(z) z^{s-2} dz = 0$ より，
$$\lim_{\varepsilon \to 0} \int_{S_\varepsilon} f(z) z^{s-2} dz = \lim_{\varepsilon \to 0} \int_{P_\varepsilon^+ + P_\varepsilon^-} f(z) z^{s-2} dz \tag{11.4}$$
が成り立つ．$f(z) z^{s-2} = \dfrac{1}{z}\sum\limits_{n=0}^{\infty} z^{s-1} e^{-nz}$ なので，
$$\lim_{\varepsilon \to 0} \int_{P_\varepsilon^+ + P_\varepsilon^-} f(z) z^{s-2} dz = (e^{2\pi\sqrt{-1}s}-1) \int_0^\infty \sum_{n=1}^{\infty} z^{s-1} e^{-nz} dz \tag{11.5}$$
となる．今，変数変換とガンマ関数の定義から
$$\int_0^\infty z^{s-1} e^{-nz} dz = \frac{1}{n^s} \int_0^\infty (nz)^{s-1} e^{-nz} d(nz) = \Gamma(s) \frac{1}{n^s}$$
が従う．e^{-nz} が急減少関数なので無限和と積分の交換が保証され，
$$\int_0^\infty \sum_{n=1}^{\infty} z^{s-1} e^{-nz} dz = (e^{2\pi\sqrt{-1}s}-1) \Gamma(s) \zeta(s) \tag{11.6}$$
となる．(11.4), (11.5), (11.6)を合わせて，次を得る：

$$\lim_{\varepsilon \to 0} \int_{S_\varepsilon} f(z) z^{s-2} dz = (e^{2\pi\sqrt{-1}s}-1)\Gamma(s)\zeta(s). \tag{11.7}$$

ここで，$s = 1-r$（$r \geqq 1$ は自然数）とすると，$e^{2\pi\sqrt{-1}s} = 1$ より次が成り立つ：

$$\lim_{\varepsilon \to 0} \int_{S_\varepsilon} f(z) z^{s-2} dz = \lim_{\varepsilon \to 0} \int_{C_\varepsilon} f(z) z^{-1-r} dz. \tag{11.8}$$

留数計算と Bernoulli 数の定義より，次がわかる

$$\int_{C_\varepsilon} f(z) z^{-1-r} dz = \frac{B_r}{r!} \times 2\pi\sqrt{-1}. \tag{11.9}$$

さらに，$\Gamma(s)$ に関しては次が知られている．

$$\lim_{s \to 1-r} (e^{2\pi\sqrt{-1}s}-1)\Gamma(s) = (-1)^{r-1}\frac{2\pi\sqrt{-1}}{(r-1)!} \tag{11.10}$$

(11.7), (11.8), (11.9), (11.10) を組み合わせて証明が終わる． $\square$

Dirichlet 指標 χ に付随した Dirichlet の L 関数に対しても同様なことが成り立つ．まず，$\bmod N$ の Dirichlet 指標 χ に対して，指標付きの Bernoulli 数 $B_{n,\chi}$ を次で定義する：

$$\sum_{a=1}^{N} \frac{\chi(a)te^{at}}{e^{Nt}-1} = \sum_{n=0}^{\infty} \frac{B_{n,\chi}}{n!} t^n.$$

$N = 1$，$\chi = \mathbf{1}$（値が恒等的に 1 の自明指標）のとき，$B_{n,1} = B_n$ であることに注意したい．$\chi = \mathbf{1}$ のときと同様な議論で，整数 $n \geqq 2$ に対して $B_{n,\chi} \neq 0$ となるための必要十分条件は $\chi(-1) = (-1)^n$ となる．

命題 11.2

χ を導手 N の Dirichlet 指標とする．このとき，$\chi(-1) = (-1)^n$ なる正整数 n に対して次が成り立つ：

$$L(n, \chi) = \frac{(-2)^{n-1}(\pi\sqrt{-1})^n}{n!N^n} \tau(\chi) B_{n,\bar{\chi}} \pi^n, \tag{11.11}$$

$$L(1-n, \chi) = -\frac{B_{n,\bar{\chi}}}{n}. \tag{11.12}$$

ここで，$\tau(\chi)$ は Gauss 和 $\sum_{i=1}^{N} \chi(i)\zeta_N^i$，$\bar{\chi}$ は χ の複素共役指標を表す．

命題 11.2 の証明は命題 11.1 のときと同様で，関数等式によって(11.11)と(11.12)は同値となり，(11.12)を Contour 積分で証明するという寸法である．詳細は省略したい．

Riemann ゼータ関数や Dirichlet L 関数の値の計算を概観した．現代では，偶奇性が整合する正の n での特殊値に円周率が現れる現象の幾何的な「意味」についても説明がつくようになってきている．一方，例えば，$n \geqq 3$ なる奇数では，(11.3) 式において $\zeta(n) < \infty$ かつ $\sin\left(\dfrac{n+1}{2}\pi\right) = 0$ より，$\zeta(1-n) = 0$ である．偶奇性が整合しない正整数 n での特殊値に関しては，上の証明や(11.3)からは何も情報がないが，Borel らによる深い研究がある．

11.2● 解析的類数公式の登場

代数的整数論における「整数点 $s=1$ でのゼータ関数の値や留数」という解析的不変量と「イデアル類群の位数や単数群」という代数的不変量との関係が Dirichlet や Dedekind らによる古典的結果として知られている．この節ではこれらを振り返りたい．

モニックな d 次既約多項式 $f(X) \in \mathbb{Z}[X]$ の根 θ によって得られる代数体 $K = \mathbb{Q}(\theta)$ を考える．$f(X)$ の実数根の個数を $r_1 = r_1(K)$ とおき，虚数根の個数を $2r_2 = 2r_2(K)$ とおく．$d = r_1 + 2r_2$ である．例えば，K が実 2 次体の場合は $r_1(K) = 2$ かつ $r_2(K) = 0$，K が虚 2 次体の場合は $r_1(K) = 0$ かつ $r_2(K) = 1$ である．Dirichlet は 1846 年に次の結果を発表した．

定理 11.1（Dirichlet の単数定理）

代数体 K に対して，$r = r_1 + r_2 - 1$ とおくと，単数 $\varepsilon_1, \cdots, \varepsilon_r \in \mathcal{O}_K^\times$ が存在して勝手な単数 $u \in \mathcal{O}_K^\times$ は $u = \zeta \varepsilon_1^{n_1} \cdots \varepsilon_r^{n_r}$（$\zeta$ は 1 のベキ根，n_i たちは整数）と一意的に表せる．

証明のあらすじ

$f(X)$ の実数根を $x_1, \cdots, x_{r_1}$，虚数根を $z_1, \cdots, z_{2r_2}$ と記し，$1 \leqq j \leqq r_2$ で z_j と z_{r_2+j} は互いに複素共役であるとする．$u \in \mathcal{O}_K^\times$ に対して，$u^{(i)} \in \mathbb{R}$（$1 \leqq i \leqq r_1$）を $\theta \mapsto x_i$ から引き起こされる体の準同型 $K \longrightarrow \mathbb{R}$ による u の像，$u^{(i)} \in \mathbb{C}$（$r_1+1 \leqq i \leqq r_1+r_2$）を $\theta \mapsto z_{i-r_1}$ から引き起こさ

れる体の準同型 $K \longrightarrow \mathbb{C}$ による u の像とする. 単数 $u \in \mathcal{O}_K^\times$ に対して

$$l^{(i)}(u) = \begin{cases} \log|u^{(i)}| & 1 \leq i \leq r_1 \\ 2\log|u^{(i)}| & r_1+1 \leq i \leq r_2 \end{cases} \tag{11.13}$$

とおき, 次の群準同型写像 l を考える:

$$l : \mathcal{O}_K^\times \longrightarrow \mathbb{R}^{r_1} \times \mathbb{R}^{r_2}, \qquad u \mapsto (l^{(i)}(u))_i \tag{11.14}$$

u は単数より共役元たちの積である u のノルム $N(u)$ は 1 となり, $\sum_{i=1}^{r_1+r_2} l^{(i)}(u) = \log|N(u)| = 0$ なので, 写像(11.14)の像は

$$V = \{(c_i)_i \in \mathbb{R}^{r_1} \times \mathbb{R}^{r_2} \mid c_1 + \cdots + c_{r_1+r_2} = 0\}$$

に入る. 一方で, 各 $1 \leq i \leq r_1+r_2$ に対して,

$$l^{(i)}(\eta^{(i)}) > 0, \qquad l^{(j)}(\eta^{(i)}) < 0 \qquad (j \neq i) \tag{11.15}$$

なる $\eta^{(j)} \in \mathcal{O}_K^\times$ が存在することが言える[1]. この事実を用いると, 写像 (11.14)の像 $\mathrm{Im}(l)$ から生成される $\mathbb{R}$ ベクトル空間は V 全体と一致し, $\mathrm{Im}(l)$ は $\mathbb{Z}^r$ と同型になる. $l(\varepsilon_1), \cdots, l(\varepsilon_r)$ が $\mathrm{Im}(l)$ の基底となる $\mathcal{O}_K^\times$ の元 $\varepsilon_1, \cdots, \varepsilon_r$ をとる. すべての i で $\log|u^{(i)}| = 0$ となる $u \in \mathcal{O}_K^\times$ は 1 のベキ根であることが「Kronecker の補題」としてよく知られており, それを認めると, 勝手な u に対して $l(u) = l(\varepsilon_1)^{n_1} \cdots l(\varepsilon_r)^{n_r}$ なる $n_1, \cdots, n_r$ をとることで欲しい結論が従う. $\qquad\square$

(11.15)をみたす $\eta^{(i)}$ の存在, Kronecker の補題, Dirichlet の単数定理の詳細については, 例えば高木貞治の『代数的整数論』の第9章を参照のこと. 現代の教科書での $\eta^{(i)}$ の存在証明は, 「$\mathbb{R}^n$ の中の原点を含む体積 $> 2^n$ の凸部分集合が必ず格子 $\mathbb{Z}^n$ の原点以外の点を含む」という Dirichlet より後の19世紀末に Minkowski が発表した「数の幾何の理論」(例えば, 上述『代数的整数論』の第5章を参照)に基づいている. 根本原理は同じだが, Minkowski の結果は「部屋割り論法」と比べて定量的で精密なので, 簡潔な方法でより良い評価が得られる.

代数体 K やその整数環 $\mathcal{O}_K$ が厳密に定義されて基礎が整備されたのは Dirichlet より後の Dedekind の時代である. よって, 正確には, 当時の Dirichlet は $\mathcal{O}_K$ の単数そのものではなく, $\mathcal{O}_K$ の部分環である $\mathbb{Z}[\theta]$ の単数を

---

1) この事実が証明の一番の山場で, Dirichlet は現代では「鳩ノ巣原理」とも呼ばれる有名な「Dirichlet の部屋割り論法」のアイデアでこの事実を示した. 本章では省略する.

調べていた．ただ，$\mathbb{Z}[\theta]$ は $\mathcal{O}_K$ の中で指数有限なので，$\mathcal{O}_K$ の単数と $\mathbb{Z}[\theta]$ の単数に大きな違いはない．

上の単数の組 $\varepsilon_1, \cdots, \varepsilon_r$ を**基本単数系**と呼ぶ．**単数規準**（regulator）と呼ばれる実数 R_K を次で定義する：

$$R_K = \left| \det \begin{pmatrix} l^{(1)}(\varepsilon_1) & \cdots & l^{(1)}(\varepsilon_r) \\ \cdots\cdots\cdots\cdots\cdots\cdots\cdots \\ l^{(r)}(\varepsilon_1) & \cdots & l^{(r)}(\varepsilon_r) \end{pmatrix} \right|.$$

基本単数の選び方を変えても中身の行列が $GL_r(\mathbb{Z})$ の元の共役で変換されるだけなので，R_K は well-defined である．

$\mathcal{O}_K$ はねじれのない有限生成 $\mathbb{Z}$-加群より自由基底 $\mathcal{O}_K \cong \bigoplus_{1 \leq i \leq d} \mathbb{Z}\omega_i$ をもつ．**判別式**と呼ばれる整数 D_K を次で定義する：

$$D_K = \det \begin{pmatrix} \omega_1^{(1)} & \omega_2^{(1)} & \cdots & \omega_d^{(1)} \\ \cdots\cdots\cdots\cdots\cdots\cdots\cdots \\ \omega_1^{(i)} & \omega_2^{(i)} & \cdots & \omega_d^{(i)} \\ \cdots\cdots\cdots\cdots\cdots\cdots\cdots \\ \omega_1^{(d)} & \omega_2^{(d)} & \cdots & \omega_d^{(d)} \end{pmatrix}^2.$$

R_K と同様に D_K も well-defined である．

以上の準備の下で，第 8 章で導入した代数体 K の Dedekind のゼータ関数 $\zeta_K(s) = \sum_{\mathfrak{A}} \dfrac{1}{N(\mathfrak{A})^s}$ に対する解析的類数公式を紹介できる．

定理 11.2（解析的類数公式）

K を d 次代数体とする．$\zeta_K(s)$ は $s = 1$ で 1 位の極を持ち，留数は K の類数 $\#\mathrm{Cl}(K)$ を用いて以下で与えられる：

$$\lim_{s \to 1}(s-1)\zeta_K(s) = \frac{2^{r_1}(2\pi)^{r_2}}{w_K\sqrt{|D_K|}}\#\mathrm{Cl}(K)R_K.$$

ただし，w_K は K の中の 1 のベキ根の個数とする[2]．

このような解析的類数公式は，K が 2 次体の場合に 1837 年に Dirichlet によって示されたが，後に Dedekind によって整備される代数体 K の類数の概念は当時はなかった．第 6 章で論じたように，Dirichlet は，判別式 D の 2 次

---

2) 前章の記号 Cl_K（K のイデアル類群）を今回は $\mathrm{Cl}(K)$ と記す．

体の Dedekind のゼータ関数 $\zeta_K(s) = \zeta(s)L(s, \chi_K)$ の留数に等しい判別式 D の整係数 2 元 2 次形式の類数を計算しており[3]，帰結として $L(1, \chi_K) \neq 0$ を得た．Dirichlet 指標 χ の値が実数に入らなければ簡単に $L(1, \chi) \neq 0$ がわかり，実数値を持つ χ はある 2 次体 K の χ_K と等しいので $L(1, \chi) \neq 0$ となる．この非消滅性が第 5 章の Dirichlet 算術級数定理の証明の中心であった．

そのほか，K が円分体のときも，Kummer が，第 7 章で論じた彼による Fermat の最終定理の証明に必要な $\mathbb{Q}(\zeta_p)$ の類数の p 非可除性を判定するために，ある種の類数公式を示していた（後述の定理 11.3 を参照）．

そして，K が一般の場合には，Dedekind やその少し後の Landau らによって結果が確立した．

Riemann のゼータと同様に，$\zeta_K(s)$ は全複素平面に有理型に解析接続され，

$$\Lambda_K(s) = \left(\frac{2^{r_1}|D_K|}{(2\pi)^d}\right)^{\frac{s}{2}} \Gamma(s)^{r_2} \Gamma\left(\frac{s}{2}\right)^{r_1} \zeta_K(s)$$

とおくと，関数等式 $\Lambda_K(s) = \Lambda_K(1-s)$ がみたされる．この関数等式より，定理 11.2 は，$\zeta_K(s)$ が $s = 0$ で $r_1 + r_2 - 1$ 位の零点をもち，

$$\lim_{s \to 0} \frac{\zeta_K(s)}{s^{r_1+r_2-1}} = -\frac{\#\mathrm{Cl}(K)R_K}{w_K}$$

が成り立つことと同値である．

11.3 ◉ 解析的類数公式の証明と応用

この節では，K が 2 次体の場合に限り，解析的類数公式を証明し，応用として類数を計算したい．

2 次体に対する定理 11.2 の証明

各イデアル類 $C \in \mathrm{Cl}(K)$ に対して $\zeta_{K,c}(s) = \sum_{\mathfrak{A} \subset \mathcal{O}_K, \mathfrak{A} \in C} \dfrac{1}{N(\mathfrak{A})^s}$ とおくと，

$$\lim_{s \to 1} (s-1)\zeta_K(s) = \sum_{C \in \mathrm{Cl}(K)} \lim_{s \to 1} (s-1)\zeta_{K,c}(s) \tag{11.16}$$

である．次のよく知られた結果を証明せずに用いたい．

---

[3] 2 次体 K の Dirichlet 指標 χ_K の定義は後で述べる．

補題 11.1（Tauber 型定理）

すべての n で $a_n > 0$ なる Dirichlet 級数 $f(s) = \sum\limits_{n=1}^{\infty} \dfrac{a_n}{n^s}$ が，$\mathrm{Re}(s) > 1$ で収束し，収束線 $\mathrm{Re}(s) = 1$ を除いて正則で，$s = 1$ で 1 位の極をもつとする．このとき，次が成り立つ：

$$\lim_{s \to 1} (s-1) f(s) = \lim_{t \to \infty} \frac{1}{t} \sum_{1 \leq n \leq t} a_n. \tag{11.17}$$

Dirichlet 級数 $f(s) = \zeta_{K,C}(s)$ の n での係数 a_n は

$$a_n = \#\{\mathfrak{A} \subset \mathcal{O}_K,\ \mathfrak{A} \in C \,|\, N(\mathfrak{A}) = n\}$$

となるので，補題 11.1 より，次を示せば定理 11.1 の証明が終わる．

$$\lim_{t \to \infty} \frac{\#\{\mathfrak{A} \subset \mathcal{O}_K,\ \mathfrak{A} \in C \,|\, N(\mathfrak{A}) \leq t\}}{t} = \frac{2^{r_1}(2\pi)^{r_2} R_K}{w_K \sqrt{|D_K|}} \tag{11.18}$$

イデアル類 C^{-1} に属する整イデアル $\mathfrak{A}_0$ を一つ選び固定すると，イデアル類 C に属する $\mathfrak{A}$ に対して，$\mathfrak{A}\mathfrak{A}_0$ は単項イデアル (α) になる．よって，

$$\{\mathfrak{A} \subset \mathcal{O}_K \,|\, \mathfrak{A} \in C,\ N(\mathfrak{A}) \leq t\} = \{(\alpha) \subset \mathcal{O}_K \,|\, N(\alpha) \leq N(\mathfrak{A}_0)t\} \tag{11.19}$$

である．(11.19)の集合は，$\mathcal{O}_K^{\times}$ の乗法による同値を $\underset{\mathcal{O}_K^{\times}}{\sim}$ で表したときの次の剰余類集合と同一視される：

$$\{\alpha \in \mathcal{O}_K \,|\, N(\alpha) \leq N(\mathfrak{A}_0)t\} \Big/ \underset{\mathcal{O}_K^{\times}}{\sim}. \tag{11.20}$$

ここで，$\mathfrak{A}_0 = \mathbb{Z}\omega_1 + \mathbb{Z}\omega_2$ なる $\mathbb{Z}$ 基底 ω_1, ω_2 をとり，正定値な整係数 2 元 2 次形式

$$f_{\mathfrak{A}_0}(x, y) = \frac{(x\omega_1 + y\omega_2)(x\omega_1^{\sigma} + y\omega_2^{\sigma})}{N(\mathfrak{A}_0)}$$

を考える（$\omega_1^{\sigma}, \omega_2^{\sigma}$ はそれぞれ ω_1, ω_2 の共役元）．ここで，K が虚 2 次体とする．$\alpha \in \mathcal{O}_K$ を $\alpha = a\omega_1 + b\omega_2$ と表示すると，条件 "$N(\alpha) \leq N(\mathfrak{A}_0)t$" は "$f_{\mathfrak{A}_0}(a, b) \leq t$" と同値である．$\mathcal{O}_K^{\times}$ は位数 w_K の有限群なので，(11.18)の左辺の w_K 倍は次の極限値と等しい：

$$\lim_{t \to \infty} \frac{\left\{(a, b) \in \dfrac{1}{\sqrt{t}}\mathbb{Z}^2 \,\middle|\, f_{\mathfrak{A}_0}(a, b) \leq 1\right\}}{t}. \tag{11.21}$$

これは，楕円 $f_{\mathfrak{A}_0}(x,y) = 1$ の内部の面積 $\dfrac{2\pi}{\sqrt{|D_K|}}$ を Riemann 積分で求めていることにほかならない．今は $r_1 = 0$, $r_2 = 1$ で，定理 11.1 より $R_K = 1$ なので，K が虚 2 次体のときの解析的類数公式の証明が終わる．

K が実 2 次体のときは，簡単な概略によって雰囲気だけを伝えたい[4]．虚 2 次体と比べると，$\mathcal{O}_K^\times$ が無限群であること，$f_{\mathfrak{A}_0}(x,y) = 1$ が楕円でなく双曲線であることにより状況が異なる．$\varepsilon_K > 1$ なる基本単数 $\varepsilon_K \in \mathcal{O}_K^\times$ をとると，勝手な $u \in \mathcal{O}_K^\times$ は定理 11.1 より $u = \pm \varepsilon_K^n$ と表せる．適当に (a, b) を変数変換すると，上と同様の極限は，$y = x$, $y = \varepsilon_K^2 x$, $xy = \dfrac{1}{\sqrt{D_K}}$ で囲まれる部分の面積の値 $\dfrac{\log \varepsilon}{\sqrt{D_K}}$ を Riemann 積分で計算することになる（図 11.2）．

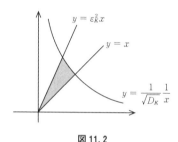

図 11.2

$R_K = \log \varepsilon$, $r_1 = 1$, $r_2 = 0$ なので，結果が従う．$\square$

K を判別式 D の 2 次体とすると，$\zeta_K(s) = L(s, \chi_K)\zeta(s)$ である．ただし，χ_K は各素数 p での値を

$$\chi_K(p) = \begin{cases} 1 & p \text{ は } K/\mathbb{Q} \text{ で不分岐かつ分解} \\ -1 & p \text{ は } K/\mathbb{Q} \text{ で不分岐かつ不分解} \\ 0 & p \text{ は } K/\mathbb{Q} \text{ で分岐} \end{cases}$$

とし，$\chi_K(-1) = \dfrac{D_K}{|D_K|}$ とすることで定まる導手 $|D_K|$ の Dirichlet 指標とする．Riemann のゼータ関数 $\zeta(s)$ の $s = 1$ での留数は 1 より，定理 11.2 から

---

4) 正確な議論は，例えば[33]の第 II 部などを参照されたい．

$$L(1, \chi_K) = \frac{2^{r_1}(2\pi)^{r_2}\#\mathrm{Cl}(K)R_K}{w_F\sqrt{|D_K|}}$$

となり,

$$\#\mathrm{Cl}(K) = \frac{w_K\sqrt{|D_K|}}{2^{r_1}(2\pi)^{r_2}R_K}L(1, \chi_K) \tag{11.22}$$

が得られる. $L(1, \chi_K)$ を別の方法で計算して比べることにより類数の表示式を得よう.

$$\zeta_{\equiv i}(s) := \sum_{\substack{1 \le n < \infty \\ n \equiv i \bmod |D_K|}} \frac{1}{n^s}$$

とおくと,

$$L(s, \chi_K) = \sum_{i=1}^{|D_K|} \chi_K(i)\zeta_{\equiv i}(s) \tag{11.23}$$

である. $\zeta_{|D_K|} = e^{2\pi\sqrt{-1}\frac{1}{|D_K|}}$ とすると,

$$\frac{1}{|D_K|}\sum_{j=1}^{|D_K|} \zeta_{|D_K|}^{(i-n)j} = \begin{cases} 1 & n \equiv i \bmod |D_K| \\ 0 & n \not\equiv i \bmod |D_K| \end{cases}$$

であるから,

$$\zeta_{\equiv i}(s) = \frac{1}{|D_K|}\sum_{j=1}^{|D_K|}\sum_{n=1}^{\infty} \frac{\zeta_{|D_K|}^{(i-n)j}}{n^s} \tag{11.24}$$

と表せる. また, $0 < \theta < 2\pi$ に対して

$$\sum_{n=1}^{\infty} e^{n\theta\sqrt{-1}} = -2\log\left(\sin\frac{\theta}{2}\right) + \sqrt{-1}\left(\frac{\pi}{2} - \frac{\theta}{2}\right) \tag{11.25}$$

が成り立つ(例えば, [33]の§9補助定理2を参照).

(11.23), (11.24) と $\theta = \frac{2\pi}{|D_K|}$ での(11.25)を合わせ, Gauss 和 $\tau(\chi_K) = \sum_{i=1}^{|D_K|} \chi_K(i)\zeta_{|D_K|}^i$ を用いると, $D_K < 0$ (K が虚2次体), $D_K > 0$ (K が実2次体)に応じて以下を得る.

$$L(1, \chi_K) = \begin{cases} \dfrac{\sqrt{-1}\pi\tau(\chi_K)}{|D_K|^2}\sum_{i=1}^{|D_K|} \chi_K(i)i \\ \quad D_K < 0 \\ \dfrac{-\tau(\chi_K)}{D_K}\sum_{i=1}^{D_K} \chi_K(i)\log\left(\sin\dfrac{\pi i}{D_K}\right) \\ \quad D_K > 0 \end{cases} \tag{11.26}$$

第8章で, $\bmod\, p$ の2次指標の Gauss 和の絶対値を評価した. 同様の証明で,

164

$\tau(\chi_K)^2 = \chi_K(-1)|D_K|$ がわかる．これによって，$\tau(\chi_K)$ の値が ± 1 倍の不定性を除いてわかるが，符号 ± 1 倍の決定問題は，絶対値の決定問題に比べるとかなり難しい問題であり，歴史的にも Gauss がこの符号を決定するのに数年を要したエピソードは有名である．実際の結果は，

$$\tau(\chi_K) = \begin{cases} \sqrt{-1}\sqrt{|D_K|} & D_K < 0 \\ \sqrt{D_K} & D_K > 0 \end{cases} \tag{11.27}$$

となる[5]．$(11.22), (11.26), (11.27)$ を合わせて次を得る

$$\#\mathrm{Cl}(K) = \begin{cases} \dfrac{-w_K}{2|D_K|} \sum_{i=1}^{|D_K|} \chi_K(i)i \\ \quad D_K < 0 \\ \dfrac{-1}{\log \varepsilon_K} \sum_{i=1}^{|D_K|} \chi_K(i)\log\left(\sin\dfrac{\pi i}{D_K}\right) \\ \quad D_K > 0 \end{cases} \tag{11.28}$$

平方因子をもたない整数 m，$K = \mathbb{Q}(\sqrt{m})$ でこの公式を試してみよう．次の事実は簡単に確かめられる．

（1）
$$D_K = \begin{cases} 4m & m \equiv 2, 3 \mod 4 \\ m & m \equiv 1 \mod 4 \end{cases}$$

（2）　素イデアル (p) の K での様子に関して，m の $\mathbb{F}_p$ における像を $\overline{m}$ と記すと，次は同値：

p が不分岐かつ分解 $\Longleftrightarrow \overline{m} \in \mathbb{F}_p^\times$ が平方数

p が不分岐かつ不分解 $\Longleftrightarrow \overline{m} \in \mathbb{F}_p^\times$ が非平方数

p が分岐 $\Longleftrightarrow p \mid D_K$

　特に，虚 2 次体の (11.28) 式は整数のみの加減乗除なので，上の事実に従って，$K = \mathbb{Q}(\sqrt{-5})$ の場合に類数を手計算で求めてみよう．$w_K = 2$，$|D_K| = 20$ であるから，(11.28) より

---

[5] 証明は，例えば『整数論〈下〉』(ボレビッチ，シャハレビッチ共著，佐々木義雄訳，吉岡書店) の第 5 章 §4.3 を参照のこと．

$$\#\mathrm{Cl}(K) = \frac{-2}{2\times 20}(1+3+7+9-11-13-17-19) = 2$$

となる．第6章で簡約理論によって計算した判別式 -20 の2次形式の類数 $h(-20) = 2$ と同じ数値が得られた．ほかの虚2次体でも同様な類数の手計算を試みられたい．

11.4 $s = 0, 1$ 以外の整数点での値とその意味

前節までで，関数等式の折り返し点の周辺 $s = 0, 1$ での Riemann のゼータ関数や Dirichlet の L 関数の値を計算して，値に秘められた代数的な情報を観察した．それ以外の整数点での値はどうなるだろうか？　まず，Kummer による次の結果がある．

定理 11.3（Kummer）

奇素数 p に対して，次は同値：

p が $\zeta(-1), \zeta(-3), \cdots, \zeta(4-p)$ のいずれかを割る

$\Longleftrightarrow p \mid \#\mathrm{Cl}(\mathbb{Q}(\zeta_p))$.

証明のあらすじ

$\bmod p$ の Dirichlet 指標は $p-1$ 個あり，それらはすべて，Teichmüller 指標と呼ばれる位数 $p-1$ の Dirichlet 指標 ω のべきでかける[6]．$\mathbb{Q}(\zeta_p)$ の Dedekind のゼータ関数は

$$\zeta_{\mathbb{Q}(\zeta_p)}(s) = \zeta(s) \prod_{1 \leq i \leq p-2} L(s, \omega^i)$$

と分解されるので，定理 11.2 より次が得られる[7]：

$$\frac{(2\pi)^{\frac{p-1}{2}}}{w_{\mathbb{Q}(\zeta_p)}\sqrt{|D_{\mathbb{Q}(\zeta_p)}|}}\#\mathrm{Cl}(\mathbb{Q}(\zeta_p))R_{\mathbb{Q}(\zeta_p)} = \prod_{1 \leq i \leq p-1} L(1, \omega^i).$$

2次体における解析的類数公式の証明でみたように，$\omega^i(-1) = 1$ なる $L(1, \omega^i)$ たちの積は $R_{\mathbb{Q}(\zeta_p)}$ の有理数倍であり，$\omega^i(-1) = -1$ な

---

6) Teichmüller 指標が well-defined に定まるためには，$\mathbb{Q}$ の代数閉包 $\overline{\mathbb{Q}}$ の $\overline{\mathbb{Q}_p}$ への埋め込みを固定しておく必要がある．

7) $K = \mathbb{Q}(\zeta_p)$ では，$r_1 = 0$，$r_2 = \frac{p-1}{2}$ である．

る $L(1, \omega^i)$ は $(2\pi)^{\frac{p-1}{2}}$ の有理数倍である．$\omega^i(-1) = -1$ となる部分だけを取り出すと，

$$\# \mathrm{Cl}(\mathbb{Q}(\zeta_p))^- = \frac{2 \cdot p^{\frac{p-1}{2}}}{(2\pi)^{\frac{p-1}{2}}} \prod_{\substack{1 \le i \le p-2 \\ i : \text{奇数}}} L(1, \omega^i) \tag{11.29}$$

を得る．ただし，$\mathrm{Cl}(\mathbb{Q}(\zeta_p))^-$ は $\mathrm{Gal}(\mathbb{Q}(\zeta_p)/\mathbb{Q})$ の中の複素共役が -1 倍で作用する元たちのなす $\mathrm{Cl}(\mathbb{Q}(\zeta_p))$ の部分群とする．虚2次体の場合に (11.26) を導いたのと同様な議論によって，$\omega^i(-1) = -1$ なる各 i で，

$$L(1, \omega^i) = \frac{\pi \sqrt{-1} \cdot \tau(\omega^i)}{p} B_{1, \omega^{-i}} \tag{11.30}$$

がわかる．Gauss 和の絶対値評価 $|\tau(\omega^i)| = \sqrt{p}$ より，

$$\frac{2 \cdot p^{\frac{p-1}{2}}}{2^{\frac{p-1}{2}}} \prod_{\substack{1 \le i \le p-1 \\ i : \text{奇数}}} \frac{\sqrt{-1} \cdot \tau(\omega^i)}{p} \text{ は } p \text{ 進単数} \tag{11.31}$$

であることがわかる．$p > 2k$ を素数とするとき，$\mathbb{Q}_p(\zeta_p)$ の中で $\dfrac{B_{2k}}{2k} \equiv B_{1, \omega^{1-2k}} \pmod{\zeta_p - 1}$ であるから，

$$\zeta(1 - 2k) \equiv B_{1, \omega^{1-2k}} \mod \zeta_p - 1 \tag{11.32}$$

となる．$\mathbb{Z}[\zeta_p]$ において $(\zeta_p - 1)^{p-1} = (p)$ なので，$x \in \mathbb{Z}$ が p で割れるための必要十分条件は $\mathbb{Z}[\zeta_p]$ において $\zeta_p - 1$ で割れることである．(11.29), (11.30), (11.31), (11.32) を合わせて

$$p \,|\, \# \mathrm{Cl}(\mathbb{Q}(\zeta_p))^- \overset{\text{同値}}{\Longleftrightarrow} p \,|\, \zeta(-1)\zeta(-3)\cdots\zeta(2-p) \tag{11.33}$$

が得られる．証明はしないが，$p \,|\, \# \mathrm{Cl}(\mathbb{Q}(\zeta_p))$ であるための必要十分条件は $p \,|\, \# \mathrm{Cl}(\mathbb{Q}(\zeta_p))^-$ であることも知られている．これを認めると証明が完了する[8]．$\qquad\square$

個々の負の奇数点の意味も調べられている．まず，イデアル類群 $\mathrm{Cl}(\mathbb{Q}(\zeta_p))$ や，その p 倍で消える部分群 $\mathrm{Cl}(\mathbb{Q}(\zeta_p))[p]$ を次のように分解する：

---

[8] 証明の詳細は，例えば『Introduction to cyclotomic fields』(L. Washington 著，Springer-Verlag) の Chap. 4 を参照のこと．

$$\mathrm{Cl}(\mathbb{Q}(\zeta_p))[p] = \bigoplus_{1 \leq i \leq p-1} \mathrm{Cl}(\mathbb{Q}(\zeta_p))[p]^{\omega^i}.$$

ここで，$\mathrm{Cl}(\mathbb{Q}(\zeta_p))[p]^{\omega^i}$ は $\mathrm{Gal}(\mathbb{Q}(\zeta_p)/\mathbb{Q})$ が ω^i で作用する元たちからなる $\mathrm{Cl}(\mathbb{Q}(\zeta_p))[p]$ の部分群を表す．

定理 11.4（Herbrand-Ribet）

$2 \leq 2k \leq p-3$ とする．素数 p に対して，次は同値：
$$p \mid \zeta(1-2k) \iff \mathrm{Cl}(\mathbb{Q}(\zeta_p))[p]^{\omega^{1-2k}} \neq \{0\}.$$

$\Longleftarrow$ は Herbrand (1908-1931) による定理として早くより知られていた．$\Longrightarrow$ は，Ribet (1948-) によって，Deligne によるモジュラー形式のガロワ表現や関係した $\mathbb{Q}(\zeta_p)$ 上の有限群スキームの理論を駆使することで，1976 年出版の論文[9]で証明された．Ribet がここで用いたモジュラー形式と Eisenstein 級数との合同からイデアル類群の元を構成する手法は，Mazur-Wiles や Wiles によって $\mathbb{Q}(\zeta_p)$ から $\mathbb{Q}(\zeta_{p^\infty}) = \bigcup_{r \geq 1} \mathbb{Q}(\zeta_{p^r})$ へと一般化されて岩澤主予想を証明するために用いられた[10]．

定理 11.3 や定理 11.4 は，冒頭に述べた Bernoulli 数の分子にときどき現れる不思議な素数につながる．例えば，B_{12} を割り切る素数 $p = 691$ は，イデアル類群の部分群 $\mathrm{Cl}(\mathbb{Q}(\zeta_{691}))[691]^{\omega^{1-12}}$ が非自明になる素数である．

19 世紀より，Dirichlet や Dedekind によって，ゼータ関数の関数等式の周りの点の値が持つ意味が調べられていたが，$\mathrm{mod}\, p$ の手法や 20 世紀の数論幾何の発展を駆使することによって関数等式の中心と離れた点でのゼータの値の意味が深まってきている．$\mathrm{mod}\, p$, $\mathrm{mod}\, p^2, \cdots, \mathrm{mod}\, p^n, \cdots$ を突き進めた p 進の方法を用いてさまざまなゼータ関数のさまざま

Kenneth Alan Ribet
(1948-)
[本人提供，Photograph: Gauri Powale]

---

[9] "A modular construction of unramified p-extensions of $\mathbb{Q}(\mu_p)$". *Invent. Math.* 34 (1976).

[10] Ribet の証明の紹介と Wiles の仕事に関しては，拙著『岩澤理論とその展望（上）』の §3.3.2 にも解説がある．

な整数点を行き来できることを，加藤和也氏は，「p進ワープ航法」と独特の表現で比喩している．

第12章
ゼータ関数の特殊値(2)

20世紀後半に起こったエタールコホモロジーや代数的K理論の進展によって，代数多様体やモチーフに対するイデアル類群や単数群の一般化に相当する群が見つかり，さまざまなゼータ関数の特殊値の意味がつくようになった．この最終章では，ゼータの特殊値やそれらを取り巻く全体的な風景を足早に俯瞰したい．

12.1●臨界点の世界と非臨界点の世界

前章では，Riemann のゼータ関数，Dirichlet の L 関数や Dedekind のゼータ関数など19世紀から知られている1次のゼータ関数の値を論じた．前章では部分的な結果(Kummer, Herbrand, Ribet らの結果)のみを紹介したが，本章ではもう少し正確な結果に踏み込みたい．

前章で論じた Riemann のゼータ関数の関数等式に $s = n$ を代入すると，

$$\sin\left(\frac{n+1}{2}\pi\right)\zeta(n) = \frac{2^{n-1}}{(n-1)!}\pi^n\zeta(1-n) \tag{12.1}$$

となり，$n = 1+2k$ とすると $\zeta(-2k) = 0$ となる．ただ，同じ関数等式をもう少し正確に観察すると，$\zeta(s)$ は $s = -2k$ で1位の零点を持ち，$s = -2k$ での Taylor 展開の初項(零でない最初の係数) $\zeta^*(-2k)$ は

$$\zeta^*(-2k) = (-1)^k\frac{k!\,(k-1)!}{\pi^{2k}\sqrt{\pi}}\zeta(2k+1) \tag{12.2}$$

と表せる．関数等式(12.1), (12.2)のおかげで，Riemann のゼータ関数の負の整数点での $\zeta(1-2k), \zeta^*(-2k)$ の「意味」がわかることは，Riemann のゼータ関数の正の整数点での特殊値 $\zeta(2k), \zeta(2k+1)$ たちの「意味」がわかることにほかならない．Riemann のゼータ関数は有理数体 $\mathbb{Q}$ の Dedekind の

ゼータ関数なので，以後，より一般に代数体 K の Dedekind のゼータ関数 $\zeta_K(s)$ を論じたい．そのために，以下で少しエタールコホモロジーや代数的 K 理論の道具立てを復習する．

$\mathbb{Q}$ の代数閉包 $\overline{\mathbb{Q}}$ の中の 1 の m 乗根たちのなす群
$$\mu_m = \{x \in \overline{\mathbb{Q}}^\times \mid x^m = 1\}$$
を考え，素数 p に対して，
$$\mathbb{Z}_p(1) := \varprojlim_n \mu_{p^n}$$
と定める．代数体 K に対して，単数群 $\mathcal{O}_K^\times$ は次のようにエタールコホモロジー群で記述される[1]：
$$H^1_{\mathrm{ét}}\left(\mathcal{O}_K\left[\frac{1}{p}\right], \mathbb{Z}_p(1)\right) \cong \mathcal{O}_K\left[\frac{1}{p}\right]^\times \otimes_{\mathbb{Z}} \mathbb{Z}_p.$$

イデアル類群 $\mathrm{Cl}(K)[p^\infty]$ もエタールコホモロジー群 $H^2_{\mathrm{ét}}\left(\mathcal{O}_K\left[\frac{1}{p}\right], \mathbb{Z}_p(1)\right)$ と非常に近い群であり，例えば，$K = \mathbb{Q}(\zeta_p)$ のときは，$\mathrm{Cl}(K)[p^\infty]$ はエタールコホモロジー群 $H^2_{\mathrm{ét}}\left(\mathcal{O}_K\left[\frac{1}{p}\right], \mathbb{Z}_p(1)\right)$ とぴったり同型になる．

自然数 n に対して，$\mathbb{Z}_p(n) := \mathbb{Z}_p(1)^{\otimes n}$（$\mathbb{Z}_p$ 上の n 回テンソル積）と定める．アーベル群として $\mathbb{Z}_p(n) \cong \mathbb{Z}_p$ であるが，n ごとにガロワ群の作用が異なる．上の $n = 1$ での例より，一般の正整数 n でのアーベル群 $H^1_{\mathrm{ét}}\left(\mathcal{O}_K\left[\frac{1}{p}\right], \mathbb{Z}_p(n)\right)$, $H^2_{\mathrm{ét}}\left(\mathcal{O}_K\left[\frac{1}{p}\right], \mathbb{Z}_p(n)\right)$ の重要性が垣間見られるだろう．整数 $n \geqq 2$ に対して，これらの群はともに有限生成な $\mathbb{Z}_p$ 加群となり，次が成り立つ：
$$\mathrm{rank}_{\mathbb{Z}_p} H^1_{\mathrm{ét}}\left(\mathcal{O}_K\left[\frac{1}{p}\right], \mathbb{Z}_p(n)\right) = \begin{cases} r_2(K) & n：偶数, \\ r_1(K) + r_2(K) & n：奇数. \end{cases}$$
また，$H^2_{\mathrm{ét}}\left(\mathcal{O}_K\left[\frac{1}{p}\right], \mathbb{Z}_p(n)\right)$ は，ねじれ $\mathbb{Z}_p$ 加群となる．

一方で，K の Dedekind のゼータ関数 $\zeta_K(s)$ に対して，負の整数点 $1-n$ での零点の位数は以下のようになる：
$$\mathrm{ord}_{s=1-n} \zeta_K(s) = \begin{cases} r_2(K) & n：偶数, \\ r_1(K) + r_2(K) & n：奇数. \end{cases}$$
$\zeta_K(1-n) \in \mathbb{Q}$ が「Siegel-Klingen の定理」として知られている[2]．また，

---

1) 可換環 R，アフィンスキーム $\mathrm{Spec}\, R$ 上のエタール層 $\mathcal{F}$ に対して，エタールコホモロジー $H^i_{\mathrm{ét}}(\mathrm{Spec}\, R, \mathcal{F})$ を $H^i_{\mathrm{ét}}(R, \mathcal{F})$ と記す．
2) 例えば，『代数的整数論』(J. ノイキルヒ著，足立恒雄監訳，丸善出版)の第Ⅶ章§10を参照のこと．

$\zeta_K(1-n) = 0$ のときは $\zeta_K(s)$ の $s = 1-n$ での Taylor 展開の初項 $\zeta_K^*(1-n)$ を考えて，それを意味のある不変量で記述したい．

単数規準などの一般化を定義するには代数的 K 群が大事である．古典的に知られていた K 群の例として，代数体 K の整数環 $\mathcal{O}_K$ の K 群 $K_0(\mathcal{O}_K)$, $K_1(\mathcal{O}_K)$ はそれぞれ $\mathbb{Z} \oplus \mathrm{Cl}(K), \mathcal{O}_K^\times$ と同型であった．Quillen (1940-2011) は，1973 年に出版した論文で，環やスキームに対して，その上の連接層の加法圏から得られる圏の幾何的実現のホモトピー群として高い次数 i での i 次代数的 K 群 K_i を定義し，ほぼ同時期に代数体 K の整数環 $\mathcal{O}_K$ に対して $i \geqq 2$ でも $K_i(\mathcal{O}_K)$ が有限生成なアーベル群であることを示した[3]．やはり同じ頃に，整数 $i \geqq 2$ に対して Borel が以下の結果を得た：

$$\mathrm{rank}_{\mathbb{Z}} K_i(\mathcal{O}_K) = \begin{cases} 0 & i : \text{偶数}, \\ r_1(K) + r_2(K) & i \equiv 1 \ \mathrm{mod}\, 4, \\ r_2(K) & i \equiv 3 \ \mathrm{mod}\, 4. \end{cases}$$

Quillen や Borel の結果は，代数体の整数環 $\mathcal{O}_K$ の K 群の定義と関係した離散群 $SL_n(\mathcal{O}_K)$ のコホモロジーやリー環 $\mathfrak{sl}_n(K)$ のコホモロジーの道具立てに基づいて証明されている．このような道具立てを介して，整数 $i \geqq 2$ に対して，単数規準写像（regulator map）

$$K_i(\mathcal{O}_K) \longrightarrow \mathbb{R}^{\mathrm{rank}_{\mathbb{Z}} K_i(\mathcal{O}_K)}$$

が定義され，その像は $\mathbb{R}^{\mathrm{rank}_{\mathbb{Z}} K_i(\mathcal{O}_K)}$ の中の同じ階数の格子となる．その基本領域の体積を $R_i(K)$ と記し，高次単数規準と呼ぶ．これは，Dedekind による単数群 $K_1(\mathcal{O}_K) = \mathcal{O}_K^\times$ の単数規準の一般化にほかならない．

前章の「Dirichlet-Dedekind の解析的類数公式」によって，$\zeta_K(s)$ の $s = 1$ での留数の「意味」がわかった．この際に $\mathrm{Re}(s) = 1$ がちょうど収束領域の境界であることや Tauber 型の定理などが効いて留数が計算できたことに気をつけたい．また，関数等式で $s = 1$ と $s = 0$ が結びつくので，前章でみたように $\zeta_K(s)$ の $s = 0$ で Taylor 展開の初項の記述

$$\frac{\zeta_K^*(0)}{R_K} = -\frac{\#\mathrm{Cl}(K)}{\#(\mathcal{O}_K^\times)_{\mathrm{tor}}}$$

も得られた．

---

[3] $\mathbb{Z}$ 上有限生成なスキーム X に対して $K_i(X)$ が有限生成であると予想されている（Bass 予想）が Quillen 以降の進展はない．

0, 1 以外の点での特殊値の意味は，関数等式があるので負の整数点を調べればよい．Lichtenbaum は 1973 年に出版された研究集会の会議報告集に掲載された論文で，$\zeta_K^*(1-n)$ を記述する次の予想を提出している．

予想 12.1（Lichtenbaum 予想）
K を代数体，$n \geq 2$ を正整数とすると，次が成り立つ：
$$\frac{\zeta_K^*(1-n)}{R_{2n-1}(K)} = \pm \prod_{p:\text{素数}} \frac{\# H^2\left(\mathcal{O}_K\left[\frac{1}{p}\right], \mathbb{Z}_p(n)\right)}{\# H^1\left(\mathcal{O}_K\left[\frac{1}{p}\right], \mathbb{Z}_p(n)\right)_{\text{tor}}}.$$

（右辺における積の分子，分母はほとんどすべての素数 p で 1 なので，右辺は有限積であることに注意）

この予想に関しては，実は左辺が有理数であることがそもそも非自明であり，Borel が 1977 年に発表した論文で，勝手な代数体 K に対して次を示している：
$$\frac{\zeta_K^*(1-n)}{R_{2n-1}(K)} \in \mathbb{Q}. \tag{12.3}$$

K がアーベル体[4]のとき，岩澤主予想や円単数の応用として，Wiles, Kolster-Nguyen Quang Do, Huber-Kings らによって，Lichtenbaum 予想は正しいことが知られている．K が非アーベルの場合の Lichtenbaum 予想は，非アーベル体に対する岩澤理論が十分に進展しておらず，総実体などの場合の部分結果を除いて一般には未解決である．

このように，関数等式の中心の隣の点 0, 1 以外の整数点 n での値 $\zeta_K^*(n)$ の意味も解明されてきている．これらの点は，**臨界点**（**critical point**）と呼ばれる $\zeta_K(1-n)$ も $\zeta_K(n)$ も 0 でない点 n，**非臨界点**（**noncriti-**

Armand Borel
(1923-2003)

---
[4] $\mathrm{Gal}(K/\mathbb{Q})$ がアーベルな $\mathbb{Q}$ 上ガロワ拡大 K をアーベル体と呼ぶ．

cal point）と呼ばれる $\zeta_K(1-n) = 0$ または $\zeta_K(n) = 0$ の点 n の二種類に別れる．例えば，Riemann のゼータ関数 $\zeta(s)$ に対しては，正の偶数点 n や関数等式で対応する負の奇数点 $1-n$ が臨界点，正の奇数点 n や関数等式で対応する負の偶数点 $1-n$ が非臨界点である．

K 群の定義やゼータ値との関係を本格的に知りたい方は，例えば『Handbook of K-Theory』（E. Friedlander，D. Grayson 編，Springer，2005）の各記事とその参考文献を参照されたい．

12.2●楕円曲線の L 関数とその特殊値

Dedekind のゼータ関数や Dirichlet の L 関数など 1 次のゼータ関数の次に来る最初の一般化は，代数体上の楕円曲線の Hasse-Weil の L 関数である．

代数体 K 上の楕円曲線 E は，K 上の非特異固有代数曲線であって，E の K 有理点 $E(K)$ が空集合でなく $E(\mathbb{C})$ の種数が 1 であるものとして定義される．実は，このように定義される楕円曲線 E は，アフィン空間 $\mathbb{A}_K^2$ の中の定義方程式 $y^2 = 4x^3 + ax + b$（$a, b \in K$ で，$4x^3 + ax + b$ の判別式は 0 でない）で定まる代数曲線に無限遠点を付け加えて射影空間 $\mathbb{P}_K^2$ の中に埋め込んだ 3 次代数曲線となる．

楕円曲線 E の K 有理点の集合 $E(K)$ には，無限遠点を単位元 $\mathbf{0}_E$ とするアーベル群の構造が入る．次の定理が知られている．

定理 12.1（Mordell-Weil の定理）

勝手な代数体 K で $E(K)$ は有限生成なアーベル群である．つまり，ある非負な整数 $r(E)$ が存在して，$E(K)$ は $\mathbb{Z}^{r(E)}$ と有限アーベル群の直和に同型である．

しばしば，$E(K)$ は E の **Mordell-Weil 群**と呼ばれ，代数体の単数群の楕円曲線における類似とみなされる．また，代数体のときのイデアル類群のように局所と大域のズレを測る Tate-Shafarevich 群 $\text{III}_E(K)$ と呼ばれる大事

な群も定義され，$\mathrm{III}_E(K)$ は有限群であると予想されている[5]．代数体のときの μ_m の E での類似として，

$$E_m = \{x \in E(\overline{\mathbb{Q}}) \mid mx = \mathbf{0}_E\}$$

を考え，$T_p(E) = \varprojlim_n E_{p^n}$ とすると，$E(K), \mathrm{III}_E(K)$ もエタールコホモロジー $H^1_{\mathrm{et}}(K, T_p(E))$, $H^2_{\mathrm{et}}(K, T_p(E))$ を用いて表せることが知られている．$P, P' \in E(K)$ に対して，高さペアリングと呼ばれるペアリングで実数 (P, P') が定まり，$E(K)$ の最大有限部分群を $E(K)_{\mathrm{tor}}$ と記し，有限生成自由アーベル群 $E(K)/E(K)_{\mathrm{tor}}$ の基底 $P_1, \cdots, P_{r(E)}$ の高さペアリング (P_i, P_j) のなす行列の行列式を R_E と記す．

楕円曲線 E に対する Hasse-Weil の L 関数 $L(s, H^1(E))$ を $\zeta_E(s)$ と記すとき，$\zeta_E(s)$ は $\mathrm{Re}(s) > \dfrac{3}{2}$ で収束する．全複素平面に正則に解析接続されると予想されており，Wiles, Taylor-Wiles, Breuil-Conrad-Diamond-Taylor の結果(第 10 章の定理 10.2)によって，E の定義体 K が有理数体 $\mathbb{Q}$ のときこの予想は正しい．以下は，賞金 100 万ドルの有名なミレニアム懸賞問題の一つとして知られる Birch と Swinnerton=Dyer の予想である．

予想 12.2（Birch-Swinnerton=Dyer 予想）

E を $\mathbb{Q}$ 上の楕円曲線とするとき次が成り立つ：

（1）　$s = 1$ での零点の位数 $\mathrm{ord}_{s=1}\zeta_E(s)$ は $r(E)$ に等しい．

（2）　上述の(1)や $\mathrm{III}_E(\mathbb{Q})$ の有限性予想が正しいと仮定すると，$s = 1$ での Taylor 展開の初項 $\zeta_E^*(1)$ は，

$$\frac{\zeta_E^*(1)}{\left(\int_{E(\mathbb{R})} \omega_E\right) R_E} = \frac{\#\mathrm{III}_E(\mathbb{Q}) \,\mathrm{Tam}(E)}{(\#E(\mathbb{Q})_{\mathrm{tor}})^2}$$

で与えられる．ただし，$\mathrm{Tam}(E) \in \mathbb{N}$ は E の悪い素数 p たちでの $\mathrm{mod}\, p$ の様子によって定まる不変量(局所玉河数)の素数 p ごとの積である．

---

[5] Tate-Shafarevich 群の有限性予想は，E が有理数体上定義され $\mathrm{ord}_{s=1}\zeta_E(s) \leqq 1$ のとき以外は今も未解決である．

この予想は Birch と Swinnerton=Dyer の研究から生まれ，Cassels, Tate らなどいくらかの人の寄与を経て定式化が定まった．例えば，Cassels 著 "Arithmetic on an elliptic curve", *Proc. Internat. Congr. Math.* (Stockholm, 1962) の最後の方に，予想 12.2 の (1) が「Birch と Swinnerton=Dyer の予想」として紹介されている．

Birch と Swinnerton=Dyer の研究動機となったのは，1930 年代の Siegel による 2 次形式の研究である．整係数 2 次式 $a_1 X_1^2 + \cdots + a_n X_n^2 = 0$ で定まる $n-1$ 次元代数多様体 V を考えよう．2 次形式の Hasse-Minkowski の定理 ($n = 3$ のときに限って第 8 章で紹介した) より，局所的に有理点が存在すると大域的な有理点 $V(\mathbb{Q})$ が存在する．Siegel は，2 次形式の「局所大域原理」の定量的で解析的な研究を行い，$V \bmod p$ として定まる V_p に対して，V_p の $\mathbb{F}_p$ 有理点の「密度」の積 $\prod\limits_{p:素数} \dfrac{\# V_p(\mathbb{F}_p)}{p^{n-1}}$ が収束し，その値が V の有理点 $V(\mathbb{Q})$ の点の何らかの「密度」と関係することを示した．つまり，$\bmod p$ したときの有理点の「多さ」が大域的な有理点の「多さ」に影響する現象がある．

第 10 章で論じたように，$\zeta_E(s)$ は Euler 積表示

$$\zeta_E(s) := \prod_{p:素数} \frac{1}{Q_p(p^{-s}, H^1(E))} \tag{12.4}$$

を持ち，p が E の良い素数ならば $Q_p(t, H^1(E))$ は定数項が 1 の 2 次整数係数多項式である．また，このとき，E を $\bmod p$ した楕円曲線を E_p とすると，

$$Q_p(p^{-1}, H^1(E)) = \frac{\# E_p(\mathbb{F}_p)}{p}$$

となる．Birch と Swinnerton=Dyer は，楕円曲線の場合での Siegel の研究の類似の試みとして，1950 年代後半から関数

$$f_E(x) = \prod_{p:素数,\, p \le x} \frac{\# E_p(\mathbb{F}_p)}{p}$$

の x の増加に伴う変動を調べている．一般には，$x \to \infty$ のとき $f_E(x)$ は発散する．Birch と Swinnerton=Dyer は，当時の計算機を用いて $x = 2000$ くらいまでの $f_E(x)$ の数値計算を行ったようである．$f_E(x)$ の x の増加に伴う変動の振れ幅が大きく大変だったようだが，計算方法なども改良し，ときに $y^2 = x^3 - Dx$ で定まる楕円曲線 (虚数乗法を持つ楕円曲線) に絞りつつ計算することで，ある実定数 $C \ne 0$ が存在して漸近挙動

176

$$f_E(x) \sim C(\log x)^{r(E)} \qquad (x \to \infty) \tag{12.5}$$

があることを予想した[6]. かくして, 2次形式のときの現象と同じく, mod p したときの有理点の多さと大域的な有理点の多さとの相関関係が期待される.

$s = 1$ は, $\zeta_E(s)$ の Euler 積(12.4)の収束領域 $\mathrm{Re}(s) > \dfrac{3}{2}$ の外にあるが, 以下の結果が知られている.

定理 12.2

$\zeta_E(s)$ が $\mathbb{C}$ 全体に解析接続されると仮定する. また, ある非負整数 r と実定数 $C \neq 0$ が存在して $x \to \infty$ での漸近挙動が $f_E(x) \sim C(\log x)^r$ ($C \neq 0$ は実定数)となることを仮定する. このとき, 次が成り立つ:

(1) $\mathrm{ord}_{s=1}\zeta_E(s) = r$.

(2) $\zeta_E^*(1) = \dfrac{\sqrt{2}}{C}e^{\gamma r}\mathrm{Tam}(E)$ が成り立つ(γ は Euler 定数).

(3) $\zeta_E(s)$ は $\mathrm{Re}(s) > 1$ に零点を持たない.

定理 12.2 は, D. Goldfeld の 1982 年の論文[7]にある. 先述のように, $\zeta_E(s)$ の解析接続は 1982 年には知られていなかったことに注意したい. 定理 12.2 の内容の一部(特に, (1)と(2))は, 1960 年代初めの時点でもある程度認識されていたと思われ, 実際, 論文 "Notes on elliptic curves I" では, (12.5)式の予想と予想 12.2 の(1)が特に説明なく併記されている. ただ, 定理 12.2(3) によると, $f_E(x) \sim C(\log x)^{r(E)}$ という Birch と Swinnerton=Dyer の予想は, 楕円曲線のゼータ関数 $\zeta_E(s)$ に対する一般化 Riemann 予想を導く[8]. このことはあまり広く知られてなさそうなので注意しておきたい.

有理数体上定義された楕円曲線の Birch-Swinnerton=Dyer 予想は, Coates-Wiles, Kolyvagin, Rubin, Gross-Zagier, 加藤和也らの人々によって $\mathrm{ord}_{s=1}\zeta_E(s) \leqq 1$ の場合に大きく進展した. 一方で, $\mathrm{ord}_{s=1}\zeta_E(s) \geqq 2$ の場合にはまだほとんど結果がない. これら Birch-Swinnerton=Dyer 予想の現状

---

6) "Notes on elliptic curves II", *Crelle journal* vol. 218, pp. 79-108.(1965)で言及.

7) "Sur les produits partiels euleriens attaches aux courbes elliptiques", *C. R. Acad. Sci. Paris Sér. I Math.* 294(1982), no. 14, pp. 471-474.

8) $\zeta_E(s)$ の関数等式の中心軸は $\mathrm{Re}(s) = 1$ である.

については，例えば『ミレニアム賞問題』(『数学セミナー』増刊，日本評論社)
の栗原将人氏，安田正大氏による記事を参照されたい．

この節の最後に，楕円曲線の基本参考書として，もっとも有名な教科書の
一つである[35]を，挙げておきたい．

12.3● 周期数の世界

一度，ゼータの特殊値の話を横に置いて，Kontsevich-Zagier の論説[34]
の流儀に従って「周期(数)」と呼ばれる数たちを導入しよう．次の節でゼー
タの特殊値と周期との関連について議論する．

定義 12.1

有限個の有理数係数多項式 $f_1(X_1, \cdots, X_n), \cdots, f_m(X_1, \cdots, X_n)$ によっ
て

$$U = \{(x_1, \cdots, x_n) \in \mathbb{R}^n \,|\, f_i(x_1, \cdots, x_n) < 0 \ (i = 1, \cdots, m)\}$$

で定まる n 次元空間 $\mathbb{R}^n$ の部分集合 $U \subset \mathbb{R}^n$ を(この本の中だけでの
通称として)有理的領域と呼び，ある実数 x が**周期**であるとは，ある n
次元空間 $\mathbb{R}^n$ 内の有理的領域 $U \subset \mathbb{R}^n$ と U 上定義されたある有理数係
数多項式 $P(X_1, \cdots, X_n), Q(X_1, \cdots, X_n)$ が存在して，絶対収束する積分
で

$$x = \int_U \frac{P(X_1, \cdots, X_n)}{Q(X_1, \cdots, X_n)} dX_1 \cdots dX_n$$

と書けることをいう．複素数 $z = x + iy$ が**周期**であるとは，実数 x, y
がともに上の意味で周期であることをいう．また，周期全体からなる
複素数 $\mathbb{C}$ の部分集合を $\mathcal{P}$ で表す．

$\mathbb{Q}[X_1, \cdots, X_n]$ は可算無限集合なので，$\mathcal{P}$ の定義より $\mathcal{P} \subset \mathbb{C}$ は可算な無限
集合である．いくつか周期の具体例を与えよう．

最初の例として，円周率 π は $\mathcal{P}$ に入る．実際，

$$U = \{(x_1, x_2) \in \mathbb{R}^2 \,|\, x_1^2 + x_2^2 < 1\}, \qquad P = Q = 1$$

とすると次を得る：

$$\int_U dX = \int_{x_1^2 + x_2^2 < 1} dX = \pi.$$

二番目の例として，$\zeta(s)$ の自然数 $n \geqq 2$ での特殊値を考える．無限和と積分の交換を適当に正当化すると，$\zeta(n) = \sum\limits_{k=1}^{\infty} \dfrac{1}{k^n} = \int_{0 < x < 1} \left(\sum\limits_{k=1}^{\infty} \dfrac{X^{k-1}}{k^{n-1}} \right) dX$ は

$$\int_{0 < x_n < 1} \left(\sum_{k=1}^{\infty} \frac{X_n^{k-1}}{k^{n-1}} \right) dX_n$$

$$= \int_{0 < x_{n-1} < x_n < 1} \left(\sum_{k=1}^{\infty} \frac{X_{n-1}^{k-1}}{k^{n-2}} \right) \frac{1}{X_n} dX_{n-1} dX_n$$

$$\cdots\cdots$$

$$= \int_{0 < x_2 < \cdots < x_n < 1} \left(\sum_{k=1}^{\infty} \frac{X_2^{k-1}}{k} \right) \frac{1}{X_3 \cdots X_n} dX_2 \cdots dX_n$$

$$= \int_{0 < x_1 < x_2 < \cdots < x_n < 1} \left(\sum_{k=1}^{\infty} X_1^{k-1} \right) \frac{1}{X_2 \cdots X_n} dX_1 \cdots dX_n$$

$$= \int_{0 < x_1 < x_2 < \cdots < x_n < 1} \frac{1}{(1-X_1) X_2 \cdots X_n} dX_1 \cdots dX_n$$

$$= \int_U \frac{P(X_1, \cdots, X_n)}{Q(X_1, \cdots, X_n)} dX_1 \cdots dX_n$$

と表せる．ただし，$P = 1$，$Q = (1-X_1) X_2 \cdots X_n$,

$$U = \{(x_1, x_2, \cdots, x_n) \in \mathbb{R}^n \mid 0 < x_1 < x_2 < \cdots < x_n < 1\}$$

とする．かくして，$\zeta(n) \in \mathcal{P}$ がわかる．

さらに別の例として，1 次元の有理的領域 $U = (0, 1)$ 上での広義積分 $\int_U \dfrac{1}{\sqrt{1-X^m}} dX$ を考える（m は自然数）．この積分は $\mathbb{R}^2$ の中の曲線 $X^m + Y^2 = 1$ の周の長さの $\dfrac{1}{4}$ を計算していることにほかならない．有理的領域

$$U' = \left\{ (x_1, x_2) \in \mathbb{R}^2 \,\middle|\, x_2^2 < \frac{1}{1-x_1^m}, \ x_2 > 0 \right\}$$

を考えて $P' = Q' = 1$ とすると，Stokes の定理によって

$$\int_U \frac{1}{\sqrt{1-X^m}} dX = \int_{U'} \frac{P'}{Q'} dX_1 dX_2 \in \mathcal{P}$$

となる．

さて，$\mathcal{P}$ の大事な一般性質も述べておきたい．

命題 12.1

$\mathcal{P}$ は代数的数全体の集合 $\overline{\mathbb{Q}}$ を含む.

命題 12.1 を示す代わりに簡単な実例で説明したい. 例えば, 自然数 k, l に対して代数的数 $\sqrt[k]{l}$ を考える.
$$U = \{ x \in \mathbb{R} \mid 0 < x < \sqrt[k]{l} \}$$
とおくと, $U \subset \mathbb{R}$ は $X > 0$, $\dfrac{X^k}{l} < 1$ で定まる有理的領域である. $P = Q = 1$ ならば $\displaystyle\int_U dX = \sqrt[k]{l}$ なので $\sqrt[k]{l} \in \mathcal{P}$ となる.

Fubini の定理より $x, y \in \mathcal{P}$ に対して $xy \in \mathcal{P}$ が示せるので次が得られる.

命題 12.2

$\mathcal{P}$ は可換環(つまり, $\mathbb{C}$ の部分環)になる.

「周期」に関する[34]以外の参考文献として, 以前にも紹介した吉永正彦著の『周期と実数の 0-認識問題』(数学書房)では, 上の命題たちのより詳しい説明が与えられている. 吉永さんは, $\mathcal{P}$ が(第 2 章のテーマであった)「数の世界の地図」の中の「計算可能数」に含まれるという興味深い結果を示している[9]ことも紹介しておきたい. 一方, 計算可能数に含まれる超越数のうちでも, 例えば Napier 数 $e, \dfrac{1}{\pi}$ などは $\mathcal{P}$ に入らないと一般に信じられている. Kontsevich-Zagier[34]は, 与えられた実数が $\mathcal{P}$ に入るかどうかを判定する方法などのいくつかの根本的な問いを提起している.

12.4 ● 周期とゼータ関数の特殊値とのつながり

第 10 章において, 代数体上の代数多様体やモチーフから得られる Hasse-Weil の L 関数を導入した. 20 世紀の終わりには, Hasse-Weil の L 関数の整数点での特殊値の持つ意味が議論され, さまざまな予想が提出された. かなり粗く述べると次の予想([34])がある.

---

9) M. Yoshinaga, "Periods and elementary real numbers", 2008. arXiv: 0805.0349 において, $\mathcal{P}$ が「計算可能数」の部分集合「初等数(elementary number)」に含まれることを示している.

予想 12.3（志村，Deligne, Beilinson, Bloch, Scholl, …）

$L(s)$ を代数体上の代数多様体やモチーフの Hasse-Weil の L 関数とする．このとき，すべての整数点 n で $L(n) \in \mathcal{P}\left[\dfrac{1}{\pi}\right]$ となる．$L(n) = 0$ のときは Taylor 展開の初項 $L^*(n)$ も $\mathcal{P}\left[\dfrac{1}{\pi}\right]$ に入る．

$L(n)$ が，具体的に $\mathcal{P}\left[\dfrac{1}{\pi}\right]$ のどのような数で書けるかは，Hasse-Weil の L 関数 $L(s)$ がどのようなモチーフから得られるか，$L(s)$ のどの整数点 n を考えるかなどの場合分けによって，違う種類の予想がある．実は，第 12.1 節で論じた Riemann のゼータ関数 $\zeta(s)$ のときと同様に，勝手な Hasse-Weil の L 関数 $L(s)$ に対して「臨界点」と「非臨界点」の概念が定義されている．

例えば，第 10 章で現れた重さ $k \geqq 2$ の Hecke 固有カスプ形式 f の Hecke の L 関数 $L(s, f)$ は有理数体上の楕円曲線の L 関数の一般化であり（楕円曲線の Hasse-Weil の L 関数と一致するのは $k = 2$ のとき），$L(s, f)$ においては，$s = 1, \cdots, k-1$ が臨界点，それ以外の整数点はすべて非臨界点である．$\mathcal{M}$ をモチーフ，$L(s, \mathcal{M})$ をその Hasse-Weil の L 関数とするとき，臨界点，非臨界点に応じて異なる以下の予想がある（モチーフの周期積分や Beilinson 単数規準などの定義には立ち入らない）．

予想 12.4

（1） n が $L(s, \mathcal{M})$ の臨界点ならば[10]，

$$\frac{L(n, \mathcal{M})}{\mathcal{M}(n)\ \text{の周期積分}} \in \overline{\mathbb{Q}}^{\times} \tag{12.6}$$

が成り立つだろう[11]（Deligne 予想[12]）．

（2） n が $L(s, \mathcal{M})$ の非臨界点ならば，

$$\frac{L^*(n, \mathcal{M})}{\mathcal{M}(n)\ \text{の Beilinson 単数規準}} \in \overline{\mathbb{Q}}^{\times} \tag{12.7}$$

---

10) 「関数等式の中心」にある臨界点 n では例外的に $L(n, \mathcal{M}) = 0$ となるので若干の修正が必要である．

11) $\mathcal{M}(n)$ はモチーフ $\mathcal{M}$ の n 回 Tate ひねりを表す．

12) P. Deligne, "Valeurs de fonctions L et périodes d'intégrales", *Proc. Sympos. Pure Math.*, XXXIII-2, pp. 247-289, (1979)

が成り立つだろう（Beilinson 予想[13]）.

また，関数等式の中心の整数点 n は，特別に様子が違い，$L^*(n, \mathcal{M})$ は $\mathcal{M}$ の代数的サイクルの高さペアリングで記述されると予想される（Beilinson-Bloch 予想）.

本章の内容でいえば，代数体 K の Dedekind のゼータ関数の特殊値に関しては，$\zeta_K(n)$ に対する Borel の結果(12.3)が，n が臨界点であるか非臨界点であるかによって，Deligne 予想や Beilinson 予想に相当する．逆に言うと，Beilinson 予想は Dedekind のゼータ関数に対する Borel の結果の一般化である．楕円曲線 E に対しては，Birch-Swinnerton=Dyer 予想からの帰結である $\dfrac{\zeta_E^*(1)}{\left(\int_{E(\mathbb{R})} \omega_E\right) R_E} \in \mathbb{Q}$ なる事実が Beilinson-Bloch 予想の特別な場合に相当する．これらの特殊値の予想を身近なモチーフに対して示したり数値計算で検証する試みも少しずつ進行している．

また，「モチーフの周期積分」が $\mathcal{P}$ に含まれることはほぼ定義から従う事実であるが，Deligne や Beilinson らにより，「Beilinson 単数規準」，「高さペアリング」などの値も，（若干の条件のもとで）何らかの「混合モチーフの周期積分」として $\mathcal{P}$ の元とみなせることが知られている．かくして，Deligne 予想，Beilinson 予想，Beilinson-Bloch 予想らは先述の予想 12.3 を導く．

Deligne 予想，Beilinson 予想，Beilinson-Bloch 予想らは，特殊値の超越数部分の意味だけを問う予想である．これらの予想を精密化して代数的数部分の正確な意味まで問う予想として，Bloch-加藤の玉河数予想がある．例えば，前章で論じた Riemann のゼータ関数の特殊値の Bernoulli 数による記述，Dedekind のゼータ関数の解析的類数公式，本章で登場した Lichtenbaum 予想や Birch-Swinnerton=Dyer 予想の(2)は，超越数部分だけでなく代数的数部分の意味までを明らかにしようというものである．アーベル体に対する Lichtenbaum 予想の解決でアーベル体の岩澤理論が重大な役割を果たしたように，ほかのモチーフの Hasse-Weil の L 関数に対する Bloch-加藤の玉河数予想の解決のためには，モチーフの岩澤理論の研究が重要かもしれない．

---

13) A. Beilinson, "Higher regulators and values of L-functions", *Jour. of Soviet Math.*, Vol. 30-2, pp. 2036-2070, (1985)

12.5 ● 最後に

　本書は『数学セミナー』誌での 2016 年度の連載が元となっている．連載の依頼を受けたときは編集部からは「発展的な勉強をする動機を掻き立てる記事」という提案もあった．その提案を手がかりに，一方で史実に忠実で硬く教育的に語り，また一方で動機や面白さを論じる今までとは別の方向性を目指した．成功したかどうかは定かではないが，これが今の自分の限界である．「素数」や「ゼータ」という現代の整数論の価値観が共有されるようになり，いくらかの方がより深く知りたい動機を抱いてくださったならば幸いである．

　インターネット時代の現代では，ときに情報の洪水に混乱したり，ときに主観に左右された検索が及ぶ範疇が世界のすべてだと錯覚を起こして知的探求に関して傲慢になる危険性もある．私自身も無知であるので，可能なかぎりにおいて原典と多角的な資料に基づく態度に気をつけた．ひたすらに調べたり考えたり計算したりし続け，はるかバビロニアの時代から現代数学まで自分なりに通り抜けた．

　このような「数の世界における散歩」を通して，数学という堅固に積み重

ねられた人類財産の「重さ」をひしひしと感じた．「民主主義」「資本主義」などという現代の若い思想に比べても，はるか昔から数論や数学は厳然と続いている．質が伴わない雑な「経済原理」だけで数学の研究を行ったり，数学や数学の研究を測ってはいけないとあらためて感じた．

最後になるが，研究室の関真一朗君，佐久川憲児君には連載時に毎月原稿への意見や指摘をいただいた．また，谷口隆さん，松野一夫さんらには原稿の間違いを指摘していただいたことがあった．この場を借りて感謝したい．

（終）

Appendix

巻末補注

A.1◉第1.3節

p を 2 でも 5 でもない素数とする．定理 1.1 で紹介した $\frac{1}{p}$ の小数展開が途中から循環するという事実は認めて，その $\frac{1}{p}$ の小数展開のサイクルの長さ r と $10^n \equiv 1 \bmod p$ が成り立つ最小の自然数 n が等しいことを証明しておこう．

一般に，有理数 x の小数展開の循環する部分のサイクルの長さを r とすると，適当な 10 のベキ 10^l（l は自然数）をかけた数 $10^l x$ の小数展開の循環する部分のサイクルの長さも r である（10 進展開の小数部分は，10 のベキをかけると桁がずれるだけなのですぐわかる）．さて l を十分大きく取っておくと，以下のように

$$10^l x = a + 0.\underline{a_1 a_2 \cdots a_r} a_1 a_2 \cdots a_r \cdots a_1 a_2 \cdots a_r \cdots \qquad (A.1)$$

と小数点以下は（先の展開だけでなく小数点以下 1 桁目から）直ちに循環する．ただし，a は整数，$a_1, \cdots, a_r$ は 0 以上 9 以下の自然数であるとする．この式の両辺に 10^r をかけると，

$$10^{l+r} x = 10^r a + \sum_{k=1}^{r} 10^{r-k} a_k + 0.\underline{a_1 a_2 \cdots a_r} a_1 a_2 \cdots a_r \cdots a_1 a_2 \cdots a_r \cdots \qquad (A.2)$$

となる．よって，（A.1）と（A.2）の差をとることで，$10^l(10^r-1)x$ は整数である．

今，2 でも 5 でもない素数 p に対する $x = \frac{1}{p}$ で上の議論を適用しよう．x の小数展開のサイクルの循環する部分の長さを r として十分大きな自然数 l をとると，$10^l(10^r-1)\frac{1}{p}$ は整数である．p は 2 でも 5 でもないので，p は 10 を割り切らない．p は素数であるから，$10^r \equiv 1 \bmod p$ となる．今，r より小さな自然数 n で $10^n \equiv 1 \bmod p$ となるものがあったとすると，$10^l(10^n-1)\frac{1}{p}$ は整数である．$x = \frac{1}{p}$ に対して $10^l x$ と $10^{l+n} x$ の小数点以下が一致することから，$\frac{1}{p}$ の小数展開のサイクル r は n の約数でなければならない．これは，$n < r$ であることに矛盾する．以上で証明が終わった．

A.2 ● 第 3.3 節

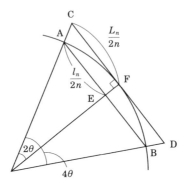

図 A.1

$\theta = \dfrac{\pi}{2n}$ とおく. 円に内接する正 n 角形と外接する正 n 角形の一部を記した図で見ると, AB の長さが $\dfrac{l_n}{n}$, CD の長さが $\dfrac{L_n}{n}$ である. よって,

$$\frac{l_n}{2n} = \sin 2\theta, \qquad \frac{L_n}{2n} = \tan 2\theta$$

を得る. 同様に,

$$\frac{l_{2n}}{4n} = \sin \theta, \qquad \frac{L_{2n}}{4n} = \tan \theta$$

を得る.

よって, 三角関数の倍角公式を用いることで,

$$\begin{aligned} l_n L_{2n} &= 8n^2 \sin 2\theta \tan \theta \\ &= 8n^2 \cdot 2 \sin\theta \cos\theta \cdot \frac{\sin\theta}{\cos\theta} \\ &= l_{2n}^2 \end{aligned}$$

を得る. よって, $l_{2n} = \sqrt{l_n L_{2n}}$ が示された. もう片方の関係式も三角関数の倍角公式を用いて計算することで同様に示すことができる.

A.3 ● 第 5.2.3 節

大学初年級の微積分でも学ぶ l'Hôpital(ロピタル)の定理とは, A がある実

数，または $\pm\infty$ であるときに，$\displaystyle\lim_{x\to A}f(x), \lim_{x\to A}g(x)$ がともに無限大，あるいはともに 0 のときの不定形の極限 $\displaystyle\lim_{x\to A}\frac{g(x)}{f(x)}$ を調べる定理であり，主張は以下の通りである．

定理 A.1 (l'Hôpital の定理)

A がある実数，または $\pm\infty$ とし，A を含む区間で定義された微分可能関数 $f(x), g(x)$ を考える．$\displaystyle\lim_{x\to A}f(x) = \lim_{x\to A}g(x) = 0$ または $\displaystyle\lim_{x\to A}f(x) = \lim_{x\to A}g(x) = \pm\infty$ とするとき，

$$\lim_{x\to A}\frac{g(x)}{f(x)} = \lim_{x\to A}\frac{g'(x)}{f'(x)}$$

が成り立つ．

今，$A = +\infty$, $f(x) = \mathrm{Li}(x)$, $g(x) = \dfrac{x}{\log x}$ とすると，

$$\lim_{x\to A}f(x) = \lim_{x\to A}g(x) = +\infty$$

となる．

$$f'(x) = \frac{1}{\log x}, \qquad g'(x) = \frac{1}{\log x} - \frac{1}{(\log x)^2}$$

であるから，l'Hôpital(ロピタル)の定理によって，

$$\lim_{x\to+\infty}\frac{\dfrac{x}{\log x}}{\mathrm{Li}(x)} = \lim_{x\to+\infty}\frac{g'(x)}{f'(x)} = \lim_{x\to+\infty}\left(1 - \frac{1}{\log x}\right) = 1$$

が得られる．よって，$\dfrac{x}{\log x} \sim \mathrm{Li}(x)$ が示された．

A.4 ● 第 8.3 節

定理 8.5 の証明に関して補足説明を与える．

まず，「Gauss の補題」と呼ばれる以下の定理を思い出そう．

定理 A.2 (Gauss の補題)

整数係数の多項式 $f(X)$ が有理数係数の多項式として可約となる

（つまり，次数が真に小さい有理数係数の多項式の積と表せる）ための
必要十分条件は $\deg g(X),\ \deg h(X) < \deg f(X)$ なる多項式 $g(X)$,
$h(X) \in \mathbb{Z}[X]$ が存在して $f(X) = g(X)h(X)$ とかけることである．

Gauss の補題は多くの代数の教科書に証明が見つかるので，今はこれを認
めて $\varPhi_{p^n}(X)$ が既約多項式であること（可約でないこと）を示す．

$$\varPhi_{p^n}(X) = \frac{X^{p^n}-1}{X^{p^{n-1}}-1}$$
$$= (X^{p^{n-1}})^{p-1}+(X^{p^{n-1}})^{p-2}+\cdots+(X^{p^{n-1}})+1$$

である．今，$\varPsi_{p^n}(Y) = \varPhi_{p^n}(X)|_{X=Y+1}$ と変数変換を行う．変数 X に関する有
理数係数の多項式 $\varPhi_{p^n}(X)$ が既約であるための必要十分条件は，変数 Y に関
する有理数係数の多項式 $\varPsi_{p^n}(Y)$ が既約であることに注意する．$q = p^n$ とお
くと，$1 \leqq i \leqq q-1$ のときの二項係数 $\dbinom{q}{i}$ は，素数 p で割り切れる．よって
二項定理より，

$$X^q = Y^q+1+\sum_{i=1}^{q-1}\binom{q}{i}Y^i \equiv Y^q+1 \mod p$$

となる．このことから，

$$\varPsi_{p^n}(Y) \equiv \frac{(Y^q+1)^p-1}{(Y^q+1)-1} \equiv \frac{Y^{pq}}{Y^q} \equiv Y^{q(p-1)} \mod p$$

がわかる．よって，$\varPsi_{p^n}(Y)$ の最高次の係数は 1 でそれ以外の素数はすべて
p で割り切れる．さらに，$\varPsi_{p^n}(Y)$ の定数項は，

$$\varPsi_{p^n}(Y)|_{Y=0} = \varPhi_{p^n}(X)|_{X=1} = p$$

である．

一般に，最高次の係数が 1 の整数係数の多項式

$$F(X) = X^n+a_{n-1}X^{n-1}+\cdots a_1X+a_0$$

の係数 $a_0, a_1, \cdots, a_{n-1}$ がある素数 p で割り切れ，かつ定数項 a_0 が p^2 で割れな
いとき，$F(X)$ を **Eisenstein 型多項式** と呼ぶ．次の定理はよく知られている．

定理 A.3（Eisenstein の既約性判定条件）

　$F(X) = X^n+a_{n-1}X^{n-1}+\cdots a_1X+a_0$ が Eisensitein 型多項式ならば
$F(X)$ は次数が真に小さい有理数係数の多項式の積としては表せない．

この定理を，変数 Y の Eisenstein 型多項式 $\Psi_{p^n}(Y)$ に適用することで定理 8.5 の証明を終える．

Eisenstein の既約性判定条件についても簡単に証明を与えておきたい．$F(X) = X^n + a_{n-1}X^{n-1} + \cdots a_1 X + a_0$ を Eisensitein 型多項式とする．つまり，ある素数 p で，$a_0, a_1, \cdots, a_{n-1}$ をすべて割り切り，定数項 a_0 が p^2 で割れないものが存在する．今，背理法で既約性を示すために，$F(X)$ が次数が n より小さな有理数係数の多項式の積と表せるとする．Gauss の補題により，次数 l, m（ただし，$1 < l, m < n$ かつ $l + m = n$）の整数係数多項式

$\quad G(X) = X^l + b_{l-1}X^{l-1} + \cdots + b_1 X + b_0,$

$\quad H(X) = X^m + c_{m-1}X^{m-1} + \cdots + c_1 X + c_0$

で $F(X) = G(X)H(X)$ となるものが存在する．$F(X) \equiv X^n \bmod p$ より，$G(X) \equiv X^l$, $F(X) \equiv X^m \bmod p$ となる．つまり，$G(X), H(X)$ の最高次以外の係数はすべて p で割り切れなければならない．しかしながら，$F(X)$ の定数項 a_0 は $b_0 c_0$ に等しいので p^2 で割り切れる．かくして矛盾が生じるので $F(X)$ は既約でなければならない．

参考文献一覧

[1] サイモン・シン著, 青木薫訳, 『フェルマーの最終定理』, 新潮文庫, 2006.

[2] 彌永昌吉著, 『数の体系(上・下)』, 岩波新書, 1978.

[3] 高木貞治著, 『近世数学史談』, 岩波文庫, 1995.

[4] J. P. セール著, 彌永健一訳, 『数論講義』, 岩波書店, 2002.

[5] F. Benjamin, G. Rosenberger 著, 新妻弘, 木村哲三訳, 『代数学の基本定理』, 共立出版, 2002.

[6] H. D. Ebbinghaus 他著, 成木勇夫訳, 『数(上)』, 丸善出版, 2012.

[7] 原田耕一郎著, 『群の発見』, 岩波書店, 2001.

[8] J. Rotman 著, 関口次郎訳, 『改訂新版 ガロア理論』丸善出版, 2012.

[9] 石田信著, 『代数的整数論 POD 版』森北出版, 2003.

[10] 高木貞治著, 『初等整数論講義(第二版)』, 共立出版, 1931.

[11] 西岡久美子著, 『超越数とはなにか』, 講談社, 2015.

[12] Alan Baker 著, 『Transcendental Number Theory』, Cambridge University Press, 1990.

[13] 塩川宇賢著, 『無理数と超越数』, 森北出版, 1999,

[14] R. クランドール, C. ポメランス 著, 和田秀男 監訳, 『素数全書——計算からのアプローチ』朝倉書店, 2010.

[15] William Dunham 著, 『Euler: The Master of Us All』The Mathematical Association of America, 1999.

[16] 杉浦光夫著, 『解析入門(1)』東京大学出版会, 1980.

[17] 吉永正彦著, 『周期と実数の 0-認識問題』数学書房, 2016.

[18] 松本耕二著『リーマンのゼータ関数』朝倉書店, 2005.

[19] H. M. Edwards 著『Riemann's Zeta Function』Academic Press, 1974.

[20] E. C. Titchmarsh 著『The Theory of the Riemann Zeta-Function』Oxford University Press, 1987.

[21] 鹿野健編著『リーマン予想』日本評論社, 1991.

[22] C. F. Gauss 著, 高瀬正仁訳『ガウス 整数論』朝倉書店, 1995.

[23] 河田敬義著, 『数論——古典数論から類体論へ』岩波書店, 1992.

[24] 足立恒雄著『フェルマーの大定理——整数論の源流』ちくま学芸文庫, 2006.

[25] H. Edwards 著『Fermat's Last Theorem: A Genetic Introduction to Algebraic Number Theory』Graduate Texts in Mathematics, vol. 50, Springer, 1977.

[26] 高木貞治著『代数的整数論(第 2 版)』岩波書店, 1971.

[27] 落合理著『岩澤理論とその展望(上・下)』岩波書店, 2014(上巻), 2016(下巻).

[28] Q. Liu 著『Algebraic Geometry And Arithmetic Curves』Oxford University Press, 2006.

[29] K. Ireland, M. Rosen 著『A Classical Introduction to Modern Number Theory』 Springer, 1998.

[30] 黒川信重，斎藤毅，栗原将人著『数論II』岩波書店，2005.

[31] ロバート・カニーゲル著，田中靖夫訳『無限の天才』工作社，1994.

[32] 荒川恒男，金子昌信，伊吹山知義著『ベルヌーイ数とゼータ関数』牧野書店，2001.

[33] D. B. ザギヤー著，片山孝次訳『数論入門——ゼータ関数と2次体』岩波書店，1990.

[34] M. コンツェビッチ，D. ザギエ著，黒川信重訳，「周期」『数学の最先端 21世紀への挑戦 vol. 1』，丸善出版（2002），pp. 74-125.

[35] J. Silverman 著，『The Arithmetic of Elliptic Curves』，Graduate Texts in Mathematics, vol. 106, Springer-Verlag, 1994.

索引

●人名

Al=Khwarizmi……15
Apéry……53
Archimedes……29
（Emil）Artin……110, 124
Baker……43
Beilinson……181
（Jakob）Bernoulli……49
Birch……176
Cantor……24
Cauchy……17, 66
Dedekind……94
Deligne……134, 151, 181
Diophantus……3
Dirichlet……61, 158
Euclid……2
Euler……17, 50
Faltings……121
Fermat……76, 85
Fontaine……27
Galois……20
Gauss……8, 17, 65, 100, 113, 165
Grothendieck……21, 134
Hasse……125
Hecke……145
Heegner……105
Hensel……12
Hermite……38
Hilbert……20, 42
Kornblum……123
Kronecker……119
Kummer……86, 91, 92
Lagrange……76, 100
Langlands……152
Legendre……76, 100

Leibniz……57
Lichtenbaum……173
Lindemann……38
Minkowski……159
Mordell……147
Quillen……172
Ramanujan……146
Ribet……20, 168
Riemann……60
Siegel……176
Swinnerton=Dyer……176
Turing……25
Weber……119
Weierstrass……67
Weil……132
Wiles……152
アル=フワーリズミー……15
岩澤健吉……119
志村五郎……20, 85, 181
関孝和……30
高木貞治……8, 80, 159
谷山豊……20, 85

●数字・記号・アルファベット

Artin の原始根予想……110
Beilinson 予想……182
Bernoulli 数……154
Birch–Swinnerton=Dyer 予想……175
Cauchy の積分公式……66
Contour 積分……156
Deligne 予想……181
Dirichlet 指標……61
Dirichlet の L 関数……61
Dirichlet の算術級数定理……62
Dirichlet の単数定理……158

Eisenstein 型多項式……188

Eisenstein 級数……144

Eratosthenes の篩法……47

Euler 積表示……56

Fermat 曲線……128

Fermat の最終定理……85

Gauss 平面……65

Gauss 和……114

Hasse-Weil の L 関数……139

Hecke 作用素……147

Hecke の L 関数……149

Hensel の補題……13

Hilbert の第 7 問題……42

Jacobi 和……129

Kronecker-Weber の定理……119

Langlands 予想……150

Lefschetz 不動点公式……135

Legendre 記号……112

Lichtenbaum 予想……173

Liouville の定理……32

Mersenne 素数……49

Mordell-Weil 群……174

Mordell-Weil の定理……174

Napier の数……30

Ostrowski の定理……13

Pell 方程式……79

Poincaré 双対性……135

p 進絶対値……10

p 進数……11

Ramanujan の τ 関数……144

Riemann のゼータ関数……69

Riemann 予想……72

Weil 予想……133

●あ行

アーベル群……98

（整）イデアル……96

イデアル類群……99

イデアル論の基本定理……97

岩澤主予想……121

岩澤の代数的類数公式……120

エタールコホモロジー……134

円周等分多項式……118

●か行

解析的類数公式……160

可算無限……24

カスプ形式……142

ガロワ拡大……117

ガロワ群……117

ガロワの逆問題……20

環……86

既約元……86

虚 2 次体……101

局所大域原理……107

群……98

計算可能……25

原始根……109

効果的な有限性……104

合同ゼータ関数……127

●さ行

最大公約元……87

実 2 次体……101

志村-谷山予想……20, 85

周期……178

整係数 2 元 2 次形式……75

正則な素数……94

素因数分解の一意性定理……45

素数……2

素数定理……67

●た行

体……19

対角線論法……25

代数学の基本定理……16

代数体……47, 96

代数的数……18

代数的整数……96
代数閉……20
単元……86
単数群……99
超越数……29

●は行
非可算無限……25
非効果的な有限性……104
分割数……146
平方剰余……112

平方剰余の相互法則……113

●ま行
モジュラー形式……141

●ら行
理想因子……91
臨界点……173
類数……84, 99
連分数展開……34

落合 理
おちあい・ただし

1972 年，兵庫県神戸市生まれ．
2001 年，東京大学大学院数理科学研究科博士課程修了（博士（数理科学））．
日本学術振興会特別研究員（PD），大阪大学大学院理学研究科講師を経て，
2007 年より大阪大学大学院理学研究科助教授（のちに准教授と名称変更）．
専門は整数論および数論幾何学．
著書に『岩澤理論とその展望（上）（下）』（岩波書店，2014／2016）がある．

現代整数論の風景
素数からゼータ関数まで

2019 年 5 月 30 日　第 1 版第 1 刷発行

著者 ──────── 落合 理
発行所 ──────── 株式会社 日本評論社
　　　　　　　　 〒170-8474　東京都豊島区南大塚 3-12-4
　　　　　　　　 電話　（03）3987-8621〔販売〕
　　　　　　　　 　　　（03）3987-8599〔編集〕
印刷 ──────── 株式会社 精興社
製本 ──────── 株式会社 難波製本
装丁 ──────── STUDIO POT（山田信也）
カバー・本文挿絵 ── 落合良江

Copyright© Tadashi OCHIAI 2019
Printed in Japan
ISBN 978-4-535-78858-9

JCOPY 〈（社）出版者著作権管理機構 委託出版物〉
本書の無断複写は著作権法上での例外を除き禁じられています．複写される場合は，そのつど事前に，（社）出版者著作権管理機構（電話：03-5244-5088，fax：03-5244-5089，e-mail：info@jcopy.or.jp）の許諾を得てください．また，本書を代行業者等の第三者に依頼してスキャニング等の行為によりデジタル化することは，個人の家庭内の利用であっても，一切認められておりません．